乡村农田水利组织的变迁
——皂河灌区个案研究

顾向一　著

中国水利水电出版社
www.waterpub.com.cn

·北京·

内 容 提 要

本书是一部系统性研究乡村农田水利组织的著作。基于组织社会学的视角，以皂河灌区作为观察对象，通过数年的田野调查，访谈基层水利局工作人员、灌区管理人员、当地获益的用水户等，全面地了解多元主体在不同历史时期的角色定位和利益诉求。据此，本书描绘了皂河灌区历经全能型组织、管理型组织、协调型组织到悬浮型组织的组织性质变化，深刻地揭示了促成组织变迁的制度因素和组织内部诉求。

本书为研究组织社会学的学者提供了丰富的素材，适合基层水行政主管部门、灌区基层工作人员阅读，以较好理解水利社会的复杂形态。

图书在版编目（CIP）数据

乡村农田水利组织的变迁 ： 皂河灌区个案研究 / 顾向一著. -- 北京 ： 中国水利水电出版社，2024. 11.
ISBN 978-7-5226-2897-4

Ⅰ．F323

中国国家版本馆CIP数据核字第2024GL2661号

书　　名	乡村农田水利组织的变迁——皂河灌区个案研究 XIANGCUN NONGTIAN SHUILI ZUZHI DE BIANQIAN ——ZAO HE GUANQU GE'AN YANJIU
作　　者	顾向一 著
出版发行	中国水利水电出版社 （北京市海淀区玉渊潭南路 1 号 D 座　100038） 网址：www.waterpub.com.cn E-mail：sales@mwr.gov.cn 电话：(010) 68545888（营销中心）
经　　售	北京科水图书销售有限公司 电话：(010) 68545874、63202643 全国各地新华书店和相关出版物销售网点
排　　版	中国水利水电出版社微机排版中心
印　　刷	天津嘉恒印务有限公司
规　　格	170mm×240mm　16 开本　12.25 印张　207 千字
版　　次	2024 年 11 月第 1 版　2024 年 11 月第 1 次印刷
定　　价	**60.00 元**

序

　　国庆节刚过，河海大学的陈绍军教授，我国知名的社会学教授，同时也是世界银行、亚洲开发银行等国际组织移民与社会学特聘的咨询专家，给我打电话，希望我给顾向一博士《乡村农田水利组织的变迁——皂河灌区个案研究》一书写个序。记得2009年年初，陈教授携其学生顾向一博士，共同为水利部组织执行的世界银行节水灌溉项目社会问题（包括灌溉组织）咨询把脉。会上，年轻的顾博士提出，节水灌溉问题是农田水利、农村水利的社会问题，乡村农田水利组织是促进农田水利建设和发展的重要组织，不能用经验看时代，要用社会学的眼光看时代、看节水灌溉发展、看农田水利管理与建设。在社会学的视野下，以变迁中的组织现象为线索，认识农田水利管理。在乡村治理中，将农民群体的主体性权利置于乡村社会治理逻辑中，从农民的主体性需求出发，改善当前节水灌溉、农田水利组织管理的困境，才能激活社会组织活力，发挥社会组织的优势，保证节水灌溉顺利发展，农田水利良性循环。顾向一博士的发言给我留下了深刻的印象。

　　农田水利，国际惯称灌溉和排水，其目的是为农业生产服务，其任务是利用水利技术措施对一些不利于农业的自然条件进行调节与改造，对各类水资源进行合理、科学利用，以调节土壤水分、水肥，提高土壤肥力，调整、调节区域灌溉水情，预防旱、涝等自然灾害，进而保证农作物的丰收。中国是一个农业大国，是世界上水情最复杂的国家。水利是农业的命脉，决定中国农田水利特殊地位的是耕地、人口、水资源、地理条件、气候条件和社会条件等的综合因素。中国农田灌溉包括常年灌溉带、不稳定灌溉带和补充灌溉带，是一个全域需要灌溉的国家，农田水利市场难以有效配置，其具有公益性、基础性、战略性的特点，兼有一定经营性（部分），直接关系到国家粮食安全、社会稳定、经济发展，关系到乡村振兴和全社会的利益。农田水利是中国水利事业发展的永恒主题，是实现农业现代化的根本，并且在一定程度上扮演着中国发展稳定器的角色。

新中国成立以来，我国农田水利得以长足发展，取得了显著成就。2023 年，全国落实水利建设投资 12238 亿元，完成水利建设投资 11996 亿元，创历史最高纪录。目前建成大中型灌区 7300 多处，建成泵站、机井、塘坝等各类小型农田水利工程 2200 多万处，建成耕地灌溉面积 10.55 亿亩，全国 55％的耕地生产 77％的粮食和 90％以上的经济作物。2023 年，我国灌溉水利用系数为 0.576，粮田单方灌溉水生产力为 1.8 公斤，旱地降水利用率为 63％，而国际先进水平分别为 0.7～0.8、2 公斤以上和 80％以上。显然，我国农业水效指标与国际先进水平仍然有较大差距，最大的原因是灌区管护机制，特别是乡村农田水利组织不健全、不完善，农田水利最后"一公里"不能良性可持续发展，造成用水效率低下。

乡村农田水利组织的建设与完善不仅是社会治理与乡村治理的重要组成部分，更是乡村振兴的基石。乡村治理的现代化，作为建设现代化强国的必要条件，离不开农田水利组织的健康发展。纵观华夏历史，乡村农田水利组织一直和国家、社会和农民紧密联系着，农田水利的兴盛与否正是国家治理成效的反馈。本书运用社会学的观点，考察了农田水利与权利、农田水利与社会、农田水利与经济发展及新中国成立以来农田水利政策的变化，从主体、主题、工具分析了农田水利在社会发展中作用和形态，以皂河灌区作为研究对象，遵循实践—理论—实践的全过程循环认识，深入研究了乡村农田水利组织的变迁，并以变迁中的组织现象、内在逻辑为线索，以中国特色的社会学理论为视角，结合时代发展新态势，从国内外比较的视野，把握前沿组织理论，对乡村农田水利组织发展提供有益建议，以促进水利事业和农业灌溉发展。皂河灌区的选择在江苏省也很具有典型意义，我国于 20 世纪 90 年代初开启灌区改革，并率先在湖南、湖北等地开展灌区改革试点。而皂河灌区在 20 世纪 90 年代后期，成功引入了世界银行的节水灌溉贷款资金，成为江苏省内最早利用世界银行贷款外力推动改革的案例，同时也是推进灌区内部灌溉管理体制创新的先锋。

当下，中国开启了现代化强国新征程，新型城镇化进程加快，乡村振兴战略全面推进，乡村发展面临着内外环境的急剧变迁，内在社会发生分化，外在社会"内卷"剧烈，呈现出不同于传统乡村社会的特质。在这样的内外环境变迁下，乡村治理正朝着现代化迈进，但也面临着重重挑战和困境，乡村农田水利也同样如此。中国式现代化其本质是人的现代化，农田水利的历史演进和经济社会实践表明，农田水利发展和现代化的核心要素在于人，是农民主体的现代化。人是社会历史的主体，任何历史活动都是社会主体在一定的历史条件下充分发挥主观能动性的结果。中国农田水利的治理必须符合中国国情，一个国家选择什么样的治理体系，是由这个国家的历史传承、文化传统、经济社会发展水平决定的，是由这个国家的人民决定的。我国今天的国家治理体系，是在我国历史传承、文化传统、经济社会发展的基础上长期发展、渐进改革、内生演化的结果。农田水利的可持续发展离不开社会，离不开农村，离不开基层，离不开农民，这也是农田水利良性运转的重点和难点。河海大学顾向一教授（博士）撰写的《乡村农田水利组织的变迁——皂河灌区个案研究》一书，尽管以皂河灌区为例，但其主题和理念，对全国灌区管理改革亦有很好的借鉴意义。

2024 年 10 月

前　言

在漫长的农业社会，兴修和发展水利始终是国家的核心任务。新中国成立以来，传统的经济模式和社会关系发生了深刻变革。农民不再被土地所束缚，但这也使得乡村水利事业和水利组织建设遭遇困境。税费改革后，特别是近年来，乡村农田水利组织发展迎来了新的机遇，也面临着新的挑战。在新的历史条件下，开展乡村农田水利组织研究，具有重要的理论价值和现实意义。对于乡村农田水利组织的研究，皂河灌区是一个颇具典型性的研究样本。皂河灌区在本书中不仅仅是一个特定的地理区域，更是指统筹所辖区域农田水利发展的组织——皂河灌区管理所的简称。基于国家农田水利政策的变化，新中国成立以来，皂河灌区的发展大体可以分为四个阶段：以计划和控制为特征的灌区建设期、以放权和变革为特征的灌区成长期、以协作和辅助为特征的灌区黄金期和以调整和指导为特征的灌区转型期。本书选取皂河灌区作为研究对象，沿着新中国成立后的时间轴线，阐释在不同的发展阶段，灌区的发展态势及其表现出来的组织特征。

本书的主要创新点如下：

（1）乡村农田水利组织是促进农田水利建设和发展的重要组织，目前学界关于乡村农田水利组织的研究缺少历史变迁维度。本书选取具有典型性的皂河灌区，描绘新中国成立以来的发展演变轨迹，为乡村农田水利组织研究提供了新的视角与进路。

（2）通过对皂河灌区变迁的描绘，以灌区的功能和结构为基准，将不同时期的灌区进行类型化分析和创新分类，将之分别概括为全能型组织、管理型组织、协调型组织和悬浮型组织。

（3）农民用水户协会是学界有关乡村农田水利组织研究的热点议题，但现有研究多从农民自主参与视角切入，本书则阐述其在灌区变迁中农民用水户协会的作用。

本书的主体内容来源于作者 2017 年完成的博士论文。在博士论文答辩完成后，作者对皂河灌区的发展保持持续的关注。本书出版得到河海大学公共管理学院的资金资助，在此表示感谢。

由于作者水平有限，书中不足之处在所难免，如有不妥之处，敬请读者批评指正。

作者

2024 年 5 月

目　录

第一章　绪论

水利是农业的命脉，对农业经济发展起着至关重要的作用。但对于和农村经济发展紧密关联的乡村农田水利组织，学界研究和关注度并不高。与乡村基层组织相比，乡村农田水利组织具有专属目的性，是促进农田水利建设和发展的重要组织。新中国成立后，国家对于农田水利的支持力度在不断调整。对于乡村农田水利组织的深度研究，能够发现国家在农田水利发展中的作用形态，从而更为深刻地了解中国农村经济和社会的变革。

第一节　研究背景及研究缘起

一、研究背景

改革开放以来，"三农"问题一直是党和政府工作的核心任务。自2004年以来，中央一号文件已经连续14年聚焦"三农"。其中，2011年，中央一号文件《中共中央国务院关于加快水利改革发展的决定》提出了系列精准而又全面的改革措施，将水利改革推向新阶段。这项举措是新中国成立后，中共中央首次全面系统地为水利改革画定蓝图。从2011年中央一号文件的表述，可以看出中国水利事业目前所面临的难题。我国地域广阔，河流众多，洪涝和干旱灾害频发。同时，囿于我国水利建设相对滞后，水利建设呈现"基础脆弱、欠账太多、全面吃紧"等困境。❶农田水利是农业发展的命脉，其滞后状态直接威胁着农业良性发展，影响国家粮食供给和安全。正是在这一严峻的形势下，2011年的中央一号文件高度肯定了水利以及农田水利建设在国家基础设施建设中的重要地位。

为了深化水利改革，国务院和水利部紧密围绕2011年一号文件精神，从政策部署到依法治水，双管齐下为农田水利发展助力。水利部领导在

---

❶　赵承，姚润丰. 奏响全面加快水利改革发展新号角：水利部部长陈雷解析2011年中央一号文件 [J]. 中国水利，2011（4）：5-7.

2014 年全国水利厅局长会议上提出，要下决心补上农田水利方面的欠账。水利工作不能抓大放小，顾此失彼，既要保持大型水利工程这样的"大动脉"畅通，也要维系农田水利这样的"毛细血管"正常运作，充分解决好农田灌溉"最后一公里"问题。❶ 2015 年全国冬春农田水利基本建设电视电话会议上，国务院总理李克强再次强调了农田水利基本设施建设对于解决"三农"问题的重要性，提出要连续深化改革，不断创新水利投融资体制机制，发挥国家投资作用，吸引带动更多社会资金，并调动广大农民的积极性，扎实推进重大水利工程建设，加快完善水利基础设施网络，着力建全水利建设、管理和运行的机制，确保农民长期受益。❷ 此外，国务院于 2016 年 10 月颁布《农田水利条例》，进一步确认和凸显了农田水利建设的重要性。《农田水利条例》明确了"农田水利政府主导、科学规划、因地制宜、节水高效、建管并重"的基本原则，建立水利规划、建设、管护的主要制度和长效机制。该条例的颁布为我国农田水利改革提供了前进方向和法律依据。

回顾 1949 年新中国成立后农田水利的发展与改革进程，农田水利属性随着农田水利改革政策的变化而变化。关于农田水利属性的认知，大体可分为三个阶段：第一阶段是以公益性为主导。改革开放前，经济发展模式是以合作社和生产队为平台，采取资源集中性的生产模式。这一时期，农田水利发展完全服务于国家经济建设，农田水利的发展红利用于满足农民集体的生产生活需要，解决农民温饱问题。第二阶段是以经营性为主导。随着农村生产经营体制改革，土地和农业生产分包到户，农田水利的发展要满足农民个体需求，农民付费用水。此时，农田水利的经营性显现，与农田水利的公益性形成冲突，主要体现为农民参与农田水利建设积极性不足。为了促进农田水利设施的发展，解决水利设施建设中的资金和人力难题，国家出台了《关于依靠群众合作兴修农村水利意见的通知》（1988 年 11 月发布），首次明确了"两工"❸政策，在一定程度上明确农田水利建设

---

❶ 彭腾. 习近平大农业安全思想探析 [J]. 湖南财政经济学院学报，2015，31（1）：92-97.

❷ 李克强. 加快完善水利基础设施网络 确保农民长期受益 [N]. 人民日报，2015-10-31（3）.

❸ "两工"即农村义务工和劳动积累工。农村义务工，主要用于防汛、义务植树、公路建勤、修缮校舍等。按标准工日计算，每个农村劳动力每年应承担 5～10 个义务工。劳动积累工，主要用于本村的农田水利基本建设和植树造林，并主要安排在农闲时间出工。按标准工日计算，每个农村劳动力每年应承担 10～20 个劳动积累工。

的公益属性，农田水利建设得以初步恢复。2000 年，为了减轻农民负担，党中央和国务院在农村税费改革试点文件中，将建设和维护农田水利设施主要劳动力来源的"两工"政策废止，农田水利建设进入停摆期。农田水利的公益性难以得到实现，进而影响到农业生产。第三阶段是公益性和经营性兼顾。农田水利发展停滞的根源在于农村生产经营模式与水利建设管理体制的不匹配。为了维系农业的可持续发展，中央和地方政府不断增加农田水利设施的投入，公共财政支出向农田水利建设倾斜。此外，2011 年中央一号文件以公益性、基础性和战略性界定水利属性。由此观之，国家通过公共财政投入等形式支持农田水利发展，试图缓和农田水利的经营性与公益性之间的矛盾。对农田水利发展的历史观察，不难发现，农田水利的属性并非是一成不变的，始终在公益性和经营性之间摇摆。

国家对于农田水利的宏观部署，最终都要由乡村农田水利组织落实和执行。在新中国水利事业发展史中，乡村农田水利组织一直和国家、社会和农民紧密联系着。通过考察国家政策变迁下的乡村农田水利组织运作，可以发现乡村社会的制度运作和逻辑结构。❶ 一方面，乡村农田水利组织的变迁过程，正是农田水利发展的晴雨表。乡村农田水利组织肩负着农用水利灌溉的重要使命。从华夏历史观之，农田水利的兴盛与否正是王朝治理成效的反馈。乡村农田水利组织虽然是农村治理中的一个微小单元，但其不仅影响农民的权益，还关乎国家经济发展与社会稳定。可以说，微小的治理单元融合着国家权力、村民自治等多样化的治理手段和互动模式。另一方面，乡村农田水利组织具有跨地域性。乡村农田水利组织中参与主体不是以行政单位为基础，而是以流域为治理范围。在乡村农田水利组织的发展中，还能观察水利组织与基层行政单位之间的利益分享模式，以及与农民之间的良好互动模式。在国家政策嬗变的当下，作者通过对乡村农田水利组织面临的机遇与挑战进行细致调查和学理研究，从而对乡村农田水利组织发展提供有益建议。

---

❶ 王焕炎. 水利·国家·农村：以水利社会史为视角加强对传统社会国家社会关系的研究 ［J］. 甘肃行政学院学报，2008（6）：71—76.

二、研究缘起

2009 年 8 月，作者参加了水利部世界银行节水灌溉二期项目，项目调查范围涉及河北省、山西省和宁夏回族自治区。在这三省（自治区）的田野调查中，作者对乡村农田水利组织有了初步了解。众所周知，这三个省份都属于严重的干旱缺水省份。由于节水灌溉项目的实施，特别是乡村用水组织（农民用水户协会）的成立，对农民的用水习惯产生了重大的影响，在世界银行节水灌溉项目的支持下，当地的节水技术和节水设施得到了广泛推广和利用，使得农民的节约用水意识增强，农民的收入得到了很大提高。在该项目的调研中，农村用水组织的发展和农户用水习惯等问题引起了作者的研究兴趣。

2010 年，作者申请了中央高校基本科研业务费项目，项目名称为"农民用水户协会的主体定位及运行机制研究"。该项目试图探讨农民用水户协会在我国的主体定位及其运行中的冲突问题。作者基于多次深入的田野调查，对乡村农田水利组织的变迁过程及其社会机理进行探讨。在项目研究过程中，作者结合水利部世界银行节水灌溉二期项目的田野调查经验，选取江苏省皂河灌区作为进一步研究的对象。在水利灌溉管理体制改革中，皂河灌区因其卓越的成果，获得多项奖励，具有很好的典型性。2011 年，在皂河灌区农民用水户协会持续调查基础上，作者受到中央高校基本科研业务费项目资助，出版了《农民用水户协会的主体定位及运行机制研究——以皂河灌区为例》一书。该书阐述了农民用水户协会在农村水资源管理体系中的主体角色，并在此基础上进一步研究农民用水户协会的组织结构和运行状况，分析农民用水户协会组建的理论基础、运行机制、成败原因及内外部环境因素的影响，最终对农民用水户协会有了新的认识，即农民用水户协会在节约水资源、改善渠道质量、提高弱势群体灌溉水获得能力、保证水费征缴和减轻村级干部工作压力等方面，均取得显著成效。但是，受到诸多因素的影响，农民用水户协会的功能发挥还受到各种制度和体制的制约。作者在研究过程中发现还有不少问题亟待解决。

通过调查发现，2012 年以来，皂河灌区的发展困境正是源自灌区成立以来的组织形态和运行模式的选择等。于是，作者将研究兴趣点从农民用水户协会扩大至对乡村农田水利组织，即皂河灌区管理所的研究。随后，为了对皂河灌区的变迁做一个历史性的考察，作者持续性地对皂河灌区成立以来的相关重要人物开展了深度访谈与案例研究工作。这一工作，断断续续持续了七年有余。作者 2008 年第一次去实地调研时，灌区一派欣欣向荣的景象，灌区负责人王学秀对农田水利建设和灌区发展充满了信心。当时，各种规划、计划都在有条不紊地实施中，农田水利设施的建设和维护也处于良性发展状态，灌区和周围农民的关系和谐，农民真正地获得了收益。这一时间节点，也恰恰是灌区发展即将陷入瓶颈期，许多矛盾隐藏在灌区繁荣景象的背后，比如灌区完全控制农民用水户协会、农民不能完全真正地表达自己的用水意图、灌区的负责人权力过于集中等。2012 年，随着灌区负责人王学秀退休和农田水利项目制的推进等，系列的隐性矛盾集中爆发，成为了灌区发展的掣肘。

灌区的这一变迁，并非是自发内生的，而是受到国家政策、市场经济改革、农民需求转变等多重因素的影响。通过皂河灌区的个案研究，可以看到灌区组织形态和运作模式的变迁背后，整个农田水利发展的历史进程。作者遂以此为突破口，开展本书的写作与研究。

第二节 国内外研究现状

一、乡村水利社会

乡村水利社会研究领域宽广，大体分为三个角度，一是从中国水利发展史角度，探究水利承载的功能，以及对社会变迁的作用；二是以文化视角为进路的"治水社会"研究；三是以理论建构为目标的水利社会学研究。关于这三个方面的文献，汗牛充栋，在此做一个简要梳理。

水与权力有着密切关联。无论是大禹治水、都江堰建立，还是京杭大运河的开挖，都是国家权力的体现。而对于水利的概念内涵与外延，从现代社会定义观之，以《现代汉语词典》词条为据，大体有两层含义：其一，利用水力资源和防止水的灾害；其二，水利工程的简称。利用水力资源和防止水的灾害的工程，包括防洪、排涝、蓄洪、灌溉、航运和其他水力利用工程。从中国古典文献考据,"水利"一词,最早出现于公元前240年著成的《吕氏春秋·孝行览·慎人》,其中用义是洒水灌溉。西汉时期司马迁《史记·河渠书》中写道:"甚哉,水之为利害也"。此处的水利含义指兴修水利,防范灾害,大体与现代水利用法相同,沿用至今。水利一词的复合性含义见于《事物纪原·利源调度部·水利》,其中记载:"沿革曰井田废,沟浍埋,水利所以作也,本起于魏李悝。通典曰:魏文侯使李悝作水利。"由此观之,水利一词最先仅用于指代兴利事业,后期因兴修水利的防范水患目的,水的开发和利用范畴进一步扩大。水利逐步指代通过工程,实现水资源的开发和利用。只要涉及维系社会稳定,防范水患的水资源利用,都属于水利范畴,包括农业灌溉、通航等。❶

在封建社会不同时期,水利发展服务于不同的功能需求。尽管涉及水利的古籍较多,但是从历史角度阐述水利发展的著作罕见。1979年出版的《中国水利史稿(上册)》是我国目前较为系统的中国水利史研究著作。该书的撰写耗时12年,从华夏千年文化进程入手,描绘了各族人民面对自然灾害时无所畏惧的精神,以及他们如何利用劳动人民智慧,开发水利,抵抗水灾的历史,弥补了水利发展史研究的缺憾。这本书不仅是一部水利史,更是将水利置于我国经济、社会、政治发展的脉络中加以考察。可以说,这本书不仅是一部社会史、政治史、水利史、经济史,更是一部科技发展史。作者希冀通过水利工程中的技术革新,进而描绘我国科学技术不断演进的过程,并揭示其与水利发展之间的关系。❷ 该书按照编年体的顺序,对于水利史的发展,进行一个梳理和回顾。

在夏商周到战国时期,我国水利的发展主要与农业灌溉密切相关,同时辅以水害防患。我国农业灌溉在水利工程上的发展,当属春秋战国时期动工兴建的著名蓄水灌溉工程——芍陂。芍陂及周边地区的水资源得到了开发和利用,为安徽寿县一带万顷良田带来了源源不断的润泽。水利的发展,促进农业增产,使得楚国成为当时重要的粮食产地。战国时期,大型水利灌溉工程得以兴建,比如郑国渠、灵渠、漳水等。这些水利工程主要集中在关中地区,尤其是含有大量泥沙的泾、渭二水。通过水利工程的兴

---

❶ 袁理. 堤垸与疫病:荆江流域水利的生态人类学研究 [D]. 厦门:厦门大学,2012.

❷ 《中国水利史稿》编写组. 中国水利史稿 [M]. 北京:水利电力出版社,1979:86.

建，关中地区的灌溉面积逐步扩大，农业生产力得以提高，更多劳力从农业生产中解放出来，为大兴工程提供人力资源。关于兴修水利，防治水患，古籍记载主要有《国语·周语上》和《淮南子·原道训》。《国语》将防治水患与舆论控制相提并论，这一类比，也凸显防止水患，对于国家繁荣和社会稳定的重要性。在春秋中期，大量堤防得以修建。通过堤防的建设，我国传统社会对于防患水害的方式发生变革，从疏通到筑堤，从依赖于自然环境，到改善自然环境。❶《淮南子·原道训》载："禹之决渎也，因水以为师。"这一记载是大禹治水的基本方法，依据水流的客观规律、水流走向、潮汐特征，疏浚通航。大禹治水的方法，改变了共工氏和鲧只堵不疏的方式。到战国时期，特制农具大力推行，农业增产，劳力解放，水利工程的建设速度加快。战国时期水利工程类别精细化，有用于防范水患，有用于农业灌溉，也有用于水力生产。这一时期，治水方式由大禹的疏导，变为筑堤防洪，化险为夷，合理利用和开发水资源。

秦国水利事业的发展在当时进入了一个顶峰期。春秋战国时期，举世闻名的都江堰建设完成。这一工程的完竣，也为大一统后的秦国发展水利事业提供技术经验。此外，秦国商鞅变法后，生产力得到质的飞越，人力和财力充足，为秦国水利事业发展奠定了坚实的物质基础。秦国在统一六国后，改分封制为郡县制，这一政治体制改革，也为发展水利提供了强有力的制度保障。中央集权模式，在水利事业发展中，能够迅速、有效地调配各种资源。秦朝虽然存续时间短暂，但是其对后代王朝水利事业的发展影响巨大。

汉代的水利事业，不仅有力地解决了关中粮食补给，也对汉代商业发展起到推波助澜功用。西汉古籍中的神话，通过述说后稷和大禹对于社会形塑的故事，侧面反映汉代时期人民的生活状况。神话中后稷开疆辟土后，对土地按功能分区利用：部分土地种植粮食，使人民果腹；部分土地则种植桑叶，供织丝蔽体。遭遇水患时，土地的利用率降低，无法满足民众需求。大禹为了防治水患，通过疏浚法，确保正常的生活生产。这一神话，将水利与农业、商业发展挂钩，生动地描绘了汉代的发展史。汉代，我国疆土不断扩大，在疆土扩张的同时，与邻国的贸易往来不断增多，丝绸之

---

❶　董莹，董文虎. 大禹治水：中国文化遗产的精品［J］. 水利发展研究，2007（2）：61-64.

路连接华夏大地与外国邻邦。丝绸、瓷器等是汉代对外出口的主要商品，丝绸业和瓷器制作，都与农业的发展与水资源的开发密不可分。在汉代，水利不仅需要满足基本的粮食生产需求，还需要助力其他产业的发展。与此同时，发展商业产生的盈利，能更好地为水利工程的建设提供资金支持。由此观之，汉代水利事业对于国运发展尤为重要，涉及农业和商业等不同的经济领域。❶ 隋代之前，我国农田水利工程修建具有很强的地域集中性，主要集中在农业发达的黄河沿岸的平原地区，主要是河南、河北、山西和陕西等地。直到晋代和隋代，两江流域（历史上长江、汉江流域）才出现零星的水利工程建设，即使在富裕的两湖地区（今湖南、湖北），也是如此。从水利工程分布格局，可以发现经济中心和政治中心高度契合。唐代以后，中国经济中心不断南移，传统的水利工程建设阵地逐步失去优势。长江两岸，尤其是中下游地区，新修的灌溉水利工程，多达 70 处。这个数目，在纵向上，超越前朝各代的修建数目；在横向上，占据全国水利工程总数的27％。水利工程的修建格局，逐步呈现南盛北衰的格局。❷ 农田水利工程的发展与唐朝整体的制度改革，呈现互为里表的关系。唐朝的经济是中国封建社会的鼎盛期，万国来朝的盛况彰显唐朝的恢弘气势。唐朝时期，人口中心南移和土地制度改革，与农业水利的发展密切相关。依托于封建制度的庄园地主，通过经济激励，分担中央对分散的水利工程建设统筹的任务。

宋朝自立国之初，就十分重视水利、河道治理问题，"艺祖开国，首浚诸河"❸。但是宋初中央政府却无负责管理河道的专门机构，水部无所职掌，"凡城池土木工役，皆隶三司修造案"。三司修造案是掌管全国工程建设的中央最高综合职能部门："修造案掌百工之事，事有缓急，物有利害，皆得专之。"从其名称可以得知，修造案隶属于宋代最高财政机构三司，全国的水利治理任务也由三司修造案全权负责。北宋前期中央的水政权力隶属于三司有两个重要的因素：一是制度建设尚未完备，仍处于探索和构建时期，三司作为中央最高财政机构，几乎掌管了包括前代户部及工部的所有职权。"三司主财，权重任隆"❹，"户部、工部之务尽归三司，得以权其

---

❶ 张嘉涛. 关于现代水利的粗浅认识 [J]. 水利发展研究，2010，10（6）：15-18.

❷ 刘俊浩. 农村社区农田水利建设组织动员机制研究 [D]. 重庆：西南大学，2005.

❸ 马端临.《文献通考》卷五二《职官考六》，中华书局，2011，第 1531 页。

❹ ［宋］林駉：《古今源流至论续集》卷五《六部》，台湾商务印书馆，1986，第 40 页。

有无，制其出入"❶。《山堂考索》亦载："宋朝工部之职，悉总于三司修造案。"❷ 因此原先隶属于工部之水部的水政职权也在三司的掌管之下。二是在宋初统一战争的进程中，朝廷急需集中力量解决唐末五代分裂割据局面下造成的南北经济失衡及衰败的问题，所以疏通漕渠、广开漕运。可见宋初通过对惠民、金水、五丈、汴水等河道的疏浚治理，建立了四通八达的水系网，漕运供给之物不仅成为京师军民生活的依赖，而且使地方财富由漕运航路汇聚于朝廷，使国家财政得到保障。❸

由此可见，在封建社会，水利的发展能够服务于灾害防范，同时具有维系政权稳定的功能。❹ 然而，将水利视为国家形态形成的要素，以及乡村社会结构的基础，则是西方学者首先提出的学术观点，主要代表人物是卡尔·奥古斯特·魏特夫（Karl August Wittfogel）和杜赞奇（Prasenjit Duara）。两位学者的观点，引起了中国学界的广泛讨论。

"治水社会"是美国汉学家魏特夫提出的概念，这一概念是对中国传统社会的一种事实描述。此外，这一概念也可用来表示以水利治理为核心的中国古代水利发展史的研究。杜赞奇提出的"权力的文化网络"，揭示了水利发展与乡村文化之间的关联。两位美国学者均将水利视为国家建构和社会结构的重要发展因素。

魏特夫提出"东方暴君论"，并将水利视为专制主义的根源。他论证的逻辑思路是，水利灌溉需要强有力的权力控制，通过自上而下的管理体制，调配资源，兴修水利，从而形成单一制的中央集权国家。由于农业是传统东方发展之本，河域横跨各国，为了有效地实现跨地区的水资源分配，必须建立一个控制的组织网络。魏特夫认为，位于组织网络顶端的人，行使最高权力，这就是东方专制主义的根源。❺

杜赞奇用"权力的文化网络"和"国家政权内卷化"等概念，描绘

---

❶ ［宋］林駧：《古今源流至论续集》卷五《六部》，台湾商务印书馆，1986，第 40 页。

❷ ［宋］章如愚：《山堂考索·续集》卷三三《官制门》，中华书局，1992，第 1111 页。

❸ 王战扬. 宋代中央水政机构及其权力演变研究［J］. 中国史研究，2023（1）：121-133.

❹ 杜赞奇. 文化、权力与国家：1900—1942 年的华北农村［M］. 王福明，译. 南京：江苏人民出版社，2010：112.

❺ 魏特夫. 东方专制主义［M］. 徐式谷，邹如山，奚瑞森，译. 北京：中国社会科学出版社，1989：78.

国家权力与乡村社会权力结构之间的关联。杜赞奇选取河北邢台地区的水利管理体制作为考察对象，运用"满铁调查报告"和相关县志资料，雕刻了邢台地区灌溉组织内部、组织之间分冲突、分裂、合作间的过程。杜赞奇对于乡村水利的研究，主要从文化角度展开，他通过观察国家权力如何通过经济、文化等路径，深入乡村底层，进而影响民众行为。杜赞奇提出，在水利社会发展中，祭祀体系对于形塑乡村社会的重要性，主要体现在祭祀龙王与闸会权威之间的关系。传统社会中，祭祀活动主要由官方开展。这类活动的开展主要有两大功能：一是为了顺应民意，体现国家对于民众传统信仰的尊重和实践；二是巩固封建社会的权力统治，渗透国家权力。龙王祭祀体系由闸会开展，象征着国家对闸会权威的间接性认可。

无论是魏特夫还是杜赞奇的观点，在国内外拥趸者有之，批判者亦有之。对于魏特夫最为直觉性的批判来源于意识形态的分离。作为二战后中国古代史学旗帜性人物的日本学者增渊龙夫这样批判道："魏特夫氏之所以将治水灌溉的国家管理作为一个值得关注的问题，是因为他立足于意在从生产力的自然基础上说明东洋社会的停滞性的'自然的环境决定论'之上，这与他的东洋社会停滞论密不可分。"在此基础上，他又进一步批判，"治水灌溉的不可或缺性和国家管理，如果像魏特夫氏这样，仅从基于中国的不变的自然条件这一个意义上来立论的话，只要不出现像那样的自然条件被打破的某些契机，中国古代专制政治的人口支配就会丧失其历史性格，必须永远持续着循环和停滞，有陷入这种矛盾的危险。"❶ 有的学者认为魏特夫的著作写成于冷战时期，共产主义与资本主义的对立使得魏特夫考察东方水利发展时，带有先验的结论。虽然这一论断有其合理性，但缺乏科学性的批判立场。

王铭铭对魏特夫的批判主要来自于逻辑层面。他肯定"东方暴君论"，用以解释东方专制主义形成，具有开创性的意义和一定的解释力。❷ 但是，关于东方暴君论的推论过程，王铭铭持不认可态度，原因主要有三个：其一，魏特夫从中国水利社会发展与国家形态出发，逻辑恣意地将其类比至

---

❶ 增渊龙夫. 中国古代的社会与国家［M］. 上海：上海古籍出版社，2017：35.
❷ 王铭铭. "水利社会"的类型［J］. 读书，2004（11）：18－23.

抽象的"天下"，试图将中国君主专制推向整个东方社会。这个论断缺乏经验材料支撑，显得过于武断。其二，治水事业在中国社会古来有之，无法追溯其发展源头。其三，魏特夫忽略了在乡村水利发展中，国家权力触角的有限性，进而能否从水利的乡村治理推断东方专制主义的形成，就是存有疑惑的了。

王铭铭基本认同杜赞奇对于水利社会形成的论断。杜赞奇指出水利社会的边界不是村庄，而是流域。以流域为分界，水资源的开发和利用出现冲突和纠纷。为了解决冲突和纠纷，杜赞奇希冀通过"权力的文化网络"来实现，而不是寄托于"市场体系理论"。这一论断与乡土中国的神秘信仰和农村市场化程度低休戚相关。杜赞奇"权力的文化网络"载体是龙王的祭祀活动，其通过对祭祀活动相关利益主体的描绘，展现出国家权力渗透在农村水利管理中。尽管王铭铭认同杜赞奇的基本观点，但是仍旧对其写作资料的有限性提出质疑，进而认为其没有完全摸清闸会组织背后的文化背景。杜赞奇所运用和观察的"权力的文化网络"仅是水利社会的一小部分，具有管中窥豹之嫌。❶

国内学者逐步倾向认可治水社会的论断，并试图通过科学的方法，从成本收益分析角度证明这一基本论断。他们的基本预设是管理成本与合作成本之间的较量。在中国早期文明中，水域呈现跨行政村的基本特征，小农经济的发展模式，也导致农民既不愿意也难以在水利供给中达成合作。中央集权国家为了促进农业发展，必须依靠自上而下的行政控制，来弥补乡村合作匮乏的现状。他们论断的基础是管理成本小于合作成本，因此通过国家行之有效的管理，是发展乡村水利设施的不二法门。❷

尽管"东方暴君论"和"权力的文化网络"均有其解释局限性，但是不能忽略在传统中国社会中，水利发展是国家治理能力的晴雨表。在观察水利与国家权力、社会结构关系的时候，应当具备整体和全球的视角。在这一点上，王铭铭从水在中西方文化中的象征意义差异出发，提出水的地域性。中国人通常将水与智慧和高尚的品德关联，比如"上善若水"，而西方则将其与非理性关联。再比如，魏特夫对于中国的分析可能忽视了中国

---

❶ 张亚辉. 人类学中的水研究：读几本书［J］. 西北民族研究，2006（3）：187-192.

❷ 张爱华."进村找庙"之外：水利社会史研究的勃兴［J］. 史林，2008（5）：166-177，188.

的季风气候和水文特征的多样性，将中国划为干旱或半干旱地区，而实际上中国有雨水农业和稻田农业，不完全依赖人工灌溉。他夸大了国家在治水中的作用和责任，而忽视了民间自治和社会参与的重要性。中国古代的水利工程多是地方性的，国家掌水官署不属于权力中枢，而是边缘化的。此外，魏特夫简单地将治水与专制联系起来，而没有考虑其他经济、政治、文化、宗教等因素的影响。他也没有解释为什么西方也有专制主义的历史，以及为什么中国也有民主传统和反抗专制的运动。❶ 这种差异，反映了西方分析中国水利社会时带入的"前见"，进而无法客观和中立地对水利与国家、社会运作作出评价。❷

由此观之，水利对国家和社会发展进程有一定的推动作用，但是这种作用是否具有决定性，则不是一个定论。而且需要注意的是，在对社会结构分析中，成本收益分析会遮蔽其他的考量因素，也难以构成统一的判定标准，因此在研究水利社会发展中，需要警惕，不能带着偏见，在逻辑自洽的外衣下，掩藏悖论。

对于水利的社会学研究，始于1991年贾征的概念建构，他以社会学理论架构水利社会学研究对象和范畴。❸ 他指出水利社会学研究的特殊性，以特定区域内水资源及其商品化过程作为研究的基础，形成特定的社会关系。在此基础上，贾征和张乾元合著《水利社会学》，系统性地构建了水利社会学研究体系，资料殷实。

一直以来，对于水利社会学的独立性讨论，学界争论不休。王铭铭对水利社会学的核心概念"水利社会"进行了深入分析，他指出水利社会学的研究，主要侧重于水利社会历史的研究，但却总是与"社会"关联。❹ 从这一角度出发，可以将水利社会学研究分为两个路径：一是通过社会结构、社会关系的视角，考察水利社会学下的现象；二是通过水利发展史，研究社会的变迁结构。两者研究路径一静一动，相辅相成。在水利社会学的视角下，不难发现水利与国家、社会、农民是相互影响的。

---

❶ 任剑涛. 极权政治研究：从西方到东方的视界转换：魏特夫《东方专制主义》的扩展解读 [J]. 学海，2009（2）：12-20.

❷ 张亚辉. 人类学中的水研究：读几本书 [J]. 西北民族研究，2006（3）：187-192.

❸ 贾征. 关于水利社会学的研究思路 [J]. 中国水利，1991（3）：7-8.

❹ 王铭铭. "水利社会"的类型 [J]. 读书，2004（11）：18-23.

水利这一要素，如何融入国家和社会的行动范围中，魏特夫和莫里斯·弗里德曼（Maurice Freedman）有精彩论述。魏特夫主张的中国水利发展史，正是中国暴君和专制制度的形成史。他在描绘中国治水历史时，强调实现社会控制的重要路径是通过对水资源的控制。魏特夫从马克思"亚细亚生产方式"理论出发，放大东方社会的水利工程与灌溉农业的特色与功能，提出"治水社会"理论。在魏特夫看来，由于"治水农业"社会的水利建设和管理工程巨大，需要高度集中组织和强势控制才能完成，导致"建立了庞大的社会和政治结构"，形成了东方专制主义。❶ 他将水利与社会的关系，用来解释东方暴君的现象。弗里德曼则把水利与中国王权关联，更为强调水利与社会的关系。❷ 他将水利与通婚制度等同视为跨村落的基层社会构成的纽带。水资源的流动性和农民的需求性，构成农民在水利中通力合作的基础。水利的发展与社会文化中的宗教也密不可分，民间水资源开发通常与宗庙的建设高度关联。民间围绕水资源的纠纷和协商，体现官方与民间、官僚体系上下层级间的复杂性，更为生动地折射社会结构。

水利作为国家和社会发展的重要基础，其在塑造国家形态、推动社会进步方面的作用不容忽视。然而对水利本身性质的讨论是水利社会学绕不开的话题。水利性质的讨论，共有三种定性，即公共物品、准公共物品和私人物品。但脱离特定的社会背景和制度，讨论水利的性质皆是空泛的。王铭铭基于对华北地区的实践总结指出，当地水利发展采取的是合作共享模式，水利被视为一种"公共物品"。❸ 水利基础设施关乎经济稳定、粮食安全、生态环境保护等方方面面，具有公共性、基础性和战略性地位，为我国抵御自然风险、抗洪除涝、防灾减灾和水资源保护及利用等方面提供了重要的硬件支撑。❹ 罗兴佐等从湖北省荆门市乡村水利的实践出发，认为水利是一种准公共物品，可以由私人提供，但效率低下，合作开发才是

❶ 魏特夫. 东方专制主义 [M]. 邹如山，译. 北京：中国社会科学出版社，1989：10.
❷ 弗里德曼. 中国东南的宗族组织 [M]. 王铭铭，刘晓春，译. 上海：上海人民出版社，2000：126.
❸ 王铭铭. "水利社会"的类型 [J]. 读书，2004 (11)：18-23.
❹ 田贵良，景晓栋. 基于水权水价改革的水利基础设施投融资长效机制研究 [J]. 水利发展研究，2023，23 (5)：12-17.

经济的方式。❶ 雷晓康以公共物品的排他性和竞争性，进一步区分纯公共物品和准公共物品。他揭示在经济落后地区，水利灌溉设施等农民的生产性公共物品供给不足。❷

国家在水利发展中的角色变迁，也是水利社会学的重要议题。王铭铭等指出，当前中国的社会形态，应是从魏特夫所称的"治水社会"向"水利社会"转型。❸ 社会对于水利发展影响的讨论亦是绵延不绝。罗兴佐等以乡村的传统观念和经济结构作为研究变量，考察荆门市水利发展的兴衰。他们认为宗族权威和宗教神秘力量在乡村土崩瓦解，农村水利发展缺乏外部的刺激性动因。

农民合作和行动的动机对乡村水利的发展至关重要。罗兴佐等认为目前原子化结构的村落结构难以形成民主协商制。村庄中的大社员与普通村民无法就共同的利益达成共识。大社员更关注自身的私利，行动缺乏道德感的拘束。村民则多以眼前的经济收益作为行动的基础，村民之间难以达成合作共识，"搭便车"现象屡见不鲜。❹ 林海从资源有限、功利心态、信任危机、法治淡薄、思想桎梏等角度，充分地揭示农民在农业发展中合作意识背后的变量。❺ 董磊明基本认同林海的判断，但他也进一步指出社会价值观，特别是社会媒体的宣传，对农民自利心态的养成有显著的影响。❻ 黄祖辉另辟蹊径，指出农业生产中农民合作的必然性是乡村治理中的变革趋势。他指出农民合作可以形成抗衡力量来应对市场机制失灵，可以有效避免政府不作为带来的风险。此外，农民合作更能适应市场的变化，提升整体的效率，提升社区就业质量和生活水平。他进一步认为农民合作通过组织的形态，能够更为有效地弥合地域分散和规模大小之间的差异。❼ 罗兴佐则致力于农民合作的类型化研究，他将内外部压力作为基础，将农民

---

❶ 罗兴佐，贺雪峰. 论乡村水利的社会基础：以荆门农田水利调查为例 [J]. 开放时代，2004 (2)：25 - 37.

❷ 雷晓康. 农村公共物品提供机制的内在矛盾及其解决思路 [J]. 西北农林科技大学学报（社会科学版），2003 (2)：122 - 126.

❸ 王铭铭，王斯福. 乡土社会的时序、公正与权威 [M]. 北京：中国政法大学出版社，1997.

❹ 同❶。

❺ 林海. 合作：渴望中的困惑：对农民合作意识的调查 [J]. 调研世界，2002 (7)：28 - 29.

❻ 董磊明. 农民为什么难以合作 [J]. 华中师范大学学报（人文社会科学版），2004 (1)：9 - 11.

❼ 黄祖辉. 农民合作：必然性、变革态势与启示 [J]. 中国农村经济，2000 (8)：4 - 8.

合作划分为外生型和内生型两大类。在内生型合作模式下，他进一步依据市场和地域特征，将其分为以市场为基础的资源合作和以地域为基础的自治型合作。他认为，外生型合作主要依靠国家强力实现，比如人民公社；而内生型合作主要依托村庄的文化基础、自然环境等，因此各村的合作程度各有不同。❶ 陈华认为，新乡贤是乡村治理的重要主体和力量，对于推进乡村振兴战略有着重要的意义和价值。他以新乡贤为研究对象，探讨了新乡贤在新时代乡村振兴战略中的作用与机制。市场合作可以影响新乡贤参与乡村治理的态度，促进其建立良好的合作关系和信任基础，增强乡村治理的协调性和包容性。例如，通过建立灵活多样、互惠互利、共赢共享的市场合作机制，促进新乡贤之间以及新乡贤与政府、企业、社会组织等之间的有效合作，形成乡村治理的合力和共识。❷

从水利社会变迁角度看，关于水利社会的研究和论述颇丰，其中不乏外国学者对于这一主题的研究。1993 年，两位法籍汉学家蓝克利（Christian Lamouroux）和魏丕信（Pierre - Etienne Will）在首届中国生态环境史学术讨论会上分别发表了《黄淮水系新论与 1128 年的水患》与《清流对浊流：帝制后期陕西省的郑白渠灌溉系统》。❸ 两篇文章的发表推动了国内水利社会发展史的研究。尽管两位学者选取的年代和研究地域不同，但是他们的方法论和研究视角是独树一帜的。两位学者将水利作为时代发展的重要因素，考察对当时的政治、经济、军事等方面的影响。蓝克利指出环境的选择对政治和经济的兴衰具有深远的影响。魏丕信从修缮郑白渠系统这一官方行为出发，将修缮失利的原因归结于官员对于农业生产资源的把控力降低。两位学者尽管是史学研究者，但是他们能将水利社会看作一个整体的系统，从时空二维角度，揭示其背后的深层动因，从而更为形象生动地刻画水利在社会发展中的重要性。❹ 除却法籍学者，20 世纪 80 年代，日

---

❶ 罗兴佐. 农民合作的类型与基础 [J]. 华中师范大学学报（人文社会科学版），2004（1）：11 - 12.

❷ 陈华. 乡贤在新时代乡村振兴战略中的作用与机制研究 [J]. 甘肃农业，2023（10）：103 - 111.

❸ 王龙飞. 近十年来中国水利社会史研究述评 [J]. 华中师范大学研究生学报，2010（1）：121 - 126.

❹ 行龙. "水利社会史" 探源：兼论以水为中心的山西社会 [J]. 山西大学学报（哲学社会科学版），2008（1）：33 - 38.

本与中国的水利研究机构联系密切，并通过会议、访问、资源共享等多种合作模式，取得了显著的成果。其主要成果集中体现在《清代水利史研究》《清代水利社会史研究》《魏晋南北朝水利史研究》《江南文化开发史》等多部著作中。

在外国学者研究中国水利社会史的热潮下，中国学者也越发重视水利发展史的研究，并且注重与乡村社会相结合，分析了农民生产方式变革、社会结构变迁和权力互动模式。在这一研究路径下，中国水利发展史主要分为以下两个阶段：

（1）20世纪80—90年代的萌芽期。这一时期，中国乡村水利发展摆脱了计划经济体制束缚，乡村水利尚未形成成熟的发展模式，甚至仍处于传统的水利发展模式中。这一时期的学者，主要希冀从史料中挖掘和梳理明清时期中国乡土社会农业水利发展模式。傅衣凌、熊元斌、张国雄等先后从明清时代的视角出发，深入研究中国乡村水资源开发和水利设施建设的主体，阐述强大的乡村社会支撑乡村水利发展，国家在这一过程中所起到的作用相对微乎其微。国家的水利建设重点是大型水利工程，这些工程需要调用大量的人力、财力和物力。他们的论述主要聚焦于水资源开发规则、农田水利设施的修缮与管理、国家政策与乡村习惯的协调、水纠纷的正式和非正式的处理机制等方面。❶

（2）20世纪90年代至21世纪第二个十年的发展期。该时期学者们主要从水利社会史的角度出发，探究水利社会的发展状况，揭示了当代中国乡村水利发展所面临的困境，并寻求其背后的社会根源。赵世瑜等围绕"水利社会"的概念展开研究。对于水利社会的概念及运行机制，学者各有侧重。蒋剑勇提出，在水利社会史研究中，治水国家、水利共同体和水利社会等是焦点问题，也是颇具代表性的概念。治水国家、水利共同体和水利社会都是通过水利的视角来解读传统中国社会的发展。治水国家理论的假说可以理解为大规模治水活动是中央集权国家形成的原因；水利共同体和水利社会可视为概念，但还未能形成完整的理论。水利共同体更具有理

---

❶ 傅衣凌. 中国传统社会：多元的结构 [J]. 中国社会经济史研究，1988（3）：1–7；熊元斌. 清代浙江地区水利纠纷及其解决的办法 [J]. 中国农史，1988（3）：48–59，67；张国雄. 江汉平原垸田的特征及其在明清时期的发展 [J]. 农业考古，1989（1）：227–233.

论潜质，一些学术研究的成果可能会形成具有本土化特色的理论，从而也为当代中国的公共治理问题提供借鉴。● 赵世瑜等将水利社会的概念用于描绘山西和陕西等地，其研究的重点在于水利发展中国家权力和社会结构变迁。王铭铭则致力于对水利社会进行理论性定义，指出水利社会是在特定区域内，以水利为载体和连接点，建构的社会关系网络。钱杭对于水利社会的定义，更为全面，不局限于抓住水利的核心要素，而是指出涉及的社会要素，从而构建了水利社会学研究的基础框架，其中涉及社会制度、组织、文化等，并且更立足于微观的考察，注意水利社会中的利益结构和集团诉求共识。王铭铭和行龙为了精准地分析不同社会结构中的权力运作形态，进一步从社会结构和自然环境的特殊性出发，对水利社会进行了类型化划分。王铭铭从水资源的多寡角度出发，将中国水利社会划分为三种类型：以都江堰为代表的"丰水型"、以山西、陕西等西北地区为代表的"缺水型"、以内河航运和海运为代表的"水运型"。王铭铭认为从研究价值来看，丰水型社会研究已经较为成熟。在丰水性社会中，水资源的调配和管理不仅是一个永恒的命题，更是中国传统社会中官民、央地互动的基础。这种互动关系进而形成了一种盘根交错的社会关系。围绕这一主题，相关的讨论已经较为成熟，然而关于缺水型社会的讨论却甚少，其中鲜有涉及水资源的调配、人类行为的研究及制度的设计。

　　从上述的文献来看，不难发现水利社会学作为一个学科领域其独立性能否得到认可，依然是一个充满争议的话题。如果承认水利社会学的独立性，那么现有的研究成果能否反哺传统的社会学理论，还是通过社会学理论不断给水利社会学输送养料。进一步而言，在中国传统社会中，农业作为支柱产业，水利具有不可忽视的作用，它涉及生活的方方面面。然而，在当前产业多元化的背景下，水利社会学是否依然保持着崇高的地位，是否还具有对当代社会结构充裕的解释力，这些都是值得我们进行思考的问题。

二、乡村水利与国家治理

　　在社会学界，关于"乡村水利"的论著相对较少。乡村水利的社会研

　　● 蒋剑勇. 治水国家、水利共同体和水利社会：水利社会史的若干理论问题探讨 [J]. 浙江水利水电学院学报，2023，35（5）：39 - 42.

究，其基础是基层治理、国家与社会互动的关系。从已有的学界研究来看，大体可以分为两个问题：一是中国近代乡村水利管理机制问题；二是中国现代社会中乡村水利管理模式问题。在这两个研究方向下，又覆盖国家权力、乡村权力、文化制度等要素的考察和研究。

对于中国近代社会乡村水利管理机制研究，水权是一个至关重要的概念。围绕这一主题，主要涉及国家水利管理机制架构、水权竞争利益主体、水权纠纷解决机制、水权纠纷规范依据、国家介入水权纠纷的正当性。对于国家水利管理机制架构而言，在明清时期，尤其是明末以后，中国经济的发展已经逐步落后于世界其他国家。在闭关锁国的政策下，明清政府未能及时地发展工业，导致整体的产业结构依旧是以农业和手工业为主。通过多个朝代的经验积累，明清政府已经形成较强的农田水利管理体系，其中以地方性灌区为基础单位，统领地方农田水利的发展，促进地方经济的发展。地方性灌区通过设立总管、水老、渠长、水甲等不同级别的管理人员，建构了一个自上而下的科层制管理体系，以便能够快速地对水利工程管理的问题做出回应。灌区主要职能是负责日常渠务管理工作，包括水资源的分配和利用、水权纠纷的协调、水利设施的建设和修缮等。明清时期，我国已经围绕黄河流域和长江流域，形成较为完善的灌溉体系和水权管理制度，为农业可持续发展保驾护航。[1] 随着社会的发展和人口的增长，水利工程的管理模式也在发生着变化。为充分发挥水利工程效益，我国大力推进水管改革，并取得了一定的成果。但我国水利工程管理体制中存在的问题依然很突出，这些问题不仅导致大量水利工程得不到正常的维修养护，效益严重衰减，而且给国民经济和人民生命财产安全带来极大的隐患。[2]

对于水权竞争利益主体，张俊峰通过分析晋水流域在水权控制中国家与社会力量的对比和博弈，指出水权是乡村社会多元利益主体的中心。通过水系的划分，可将用水争议分为同河村庄和异河村庄两种类型，前者主要聚焦于水量分配问题，后者则是以水权交易为主。根据产业类型

---

[1] 王彬. 短缺与治理：对中国水短缺问题的经济学分析 [D]. 上海：复旦大学，2004.
[2] 贾琦，高佩敬. 国外水利工程管理体制及我国的改革思路 [J]. 中国行政管理，2009（9）：112-114.

划分，可将用水争议划分为同业竞争和异业竞争。同业竞争主要是农户之间的冲突，异业竞争则与晋水流域的主流产业相关，如洗纸业和磨碾业之间的矛盾和冲突。在水权的竞争中，张俊峰发现以共同利益而结盟的渠长和乡绅，走向普通小农的对立面。国家在水权纠纷中采取间接协调的方式，主要通过约束和任免渠长来整治基层农田水利的秩序。❶王恺瑞则关注清代至民国时期水利发展中的水利企业历史，将其大体分为两个阶段：一是以商办为主的时期；二是商办转官办的时期。水利企业对土地改良、农业灌溉起到一定促进作用，但是具有开创性的水利企业，受制于技术更新缓慢、抵抗自然侵蚀能力弱、无法维持自身的盈利等因素。此外，由农民联合开发模式（山西省五台县河边村的《水利组合暂行章程》）和大地主开发模式也是彼时水利开发的两种形态。在水权竞争外，水权的共享合作开发也是封建社会水利资源利用的主要合作机制。杜赞奇考察了1900—1942年华北农村的水利管理体制，他将乡村管理体制建立在乡村文化的基础上，阐明传统的乡礼文化对农田水利建设影响甚大。❷费孝通通过对江苏省开弦弓村的调查，揭示农民在水利开发过程中的通力合作。只要是灌区的农户，即使是女人和孩子，都需要共同劳作，形成劳作的命运共同体。❸

　　对于水权纠纷解决机制，王焕炎在探讨水利公共资源属性时，明确公共权力在水资源分配和纠纷解决中的作用，并通过祭祀等活动为个人价值的实现提供基础平台。他认为用水权纠纷打破了乡村熟人社会的自治机制，导致"公地悲剧"不断上演。明清时期的山西地区，农民为了利用水资源，甚至可以牺牲自己的性命。在用水秩序混乱无序的情况下，公共权力作为一种纠纷解决的权威方式，获得了调配水权的正当性。王焕炎并未明示公共权力的行使主体，但却抽象性地概括了公共权力在用水分配和纠纷处理的原则，共有三个方面：一是维持用水权利与义务一致性原则；二是公正

❶ 张俊峰. 明清以来晋水流域之水案与乡村社会 [J]. 中国社会经济史研究，2003（2）：35 - 44.

❷ 杜赞奇. 文化、权力与国家：1900—1942 年的华北农村 [M]. 王福明，译. 南京：江苏人民出版社，2010：121.

❸ 费孝通. 江村经济 [M]. 南京：江苏人民出版社，1986.80.

和公平分配水资源的原则；三是遵循地方习惯法维系水资源合理分配。❶
张俊峰指出，在明清时期的水权分配和争夺过程中，国家处于自由放任的
状态。在水权分配中，国家尊重地方的习惯，因此不同村庄水资源获取路
径大相径庭。在水权纠纷处理中，国家介入标准较高，除非发生重大事件，
国家不轻易介入纠纷中。❷ 龚春霞指出，在水资源日益紧缺的背景下，农
业水权纠纷构成了农村社会纠纷的主要类型。不同主体援引不同原则主张
对水资源的使用权，形成了惯例原则、公平原则、强力原则、个体主义原
则之间的竞争。从表面上看，水权分配原则不能有效践行是水权纠纷发生
的原因。但通过追问原则为何不能被遵守，发现导致农业水权纠纷发生的
原因包括集体丧失了有效分配水资源的权力和能力；地权纠纷；共同体内
部非均衡的力量对比关系；水权呈现出公权与私权的双重属性之间的张力。
基于此，可以从完善集体分配水资源的权力，厘清水权与地权关系，重塑
村落共同体，以及在确保水资源公共属性的前提下，尊重水资源使用权的
私权属性等方面探讨农业水权纠纷的解决机制问题。❸

对于水权纠纷解决依据，纵观我国农田水利活动中的制度保障，主要
是由数量有限的农田水利法令和乡村习俗组成的法律体系。在这一体系中，
国家法和民间法在农田水利活动中同时存在。国家法和民间法的不同之处
在于：国家法主要是由各级政府颁布，且具有强制执行力的法令，这类法
令多数是以行政命令和刑事法令的形式呈现，主要调节水费收缴等工作，
对于农户间的水权纠纷通常置若罔闻。中国历代国家法中调整农田水利的
法令大体可分为两类：一类是综合性法典中的相关条款，比如西周的《伐
崇令》、秦代的《田律》、唐代的《唐律疏议》、元代的《大元统制》、明代
的《大明律》、清代的《大清律例》等涉及农田水利相关条款；另外一类是
专项法规，如汉代的《水令》、唐代的《水部式》、宋代的《农田水利约束》
等。值得注意的是，在唐代，中国社会结构已经渐趋成熟，法律体系也逐
步健全。自唐代以后，多个朝代在法令上多沿用唐代体系。民间法主要是

---

❶ 王焕炎. 论乡村社区组织中公共权力的合理性：以明清时期山西地区农村水利基层管理组织为
例 [J]. 白城师范学院学报，2008（1）：46-48，56.

❷ 张俊峰. 水权与地方社会：以明清以来山西省文水县甘泉渠水案为例 [J]. 山西大学学报（哲
学社会科学版），2001（6）：5-9.

❸ 龚春霞. 农业水权纠纷及其解决机制研究 [J]. 思想战线，2016，42（5）：161-166.

在农田水利活动中，农户间在利益冲突过程中达成的共识，同样适用于纠纷解决。这类规则没有强制执行力，主要依赖乡村社会的礼法约束，他们主要是用以规范和调解农户间的水权纠纷。❶ 农田水利的民间法主要由非正式制度和规则构成。根据风俗、自然环境等不同，相关规则的制定和纠纷解决的渠规各有不同。非正式制度包括碑刻、水册等。其中最为典型的是水册制度，它类似于当代的取水许可登记制度。水册制度在史料中可寻，尤其是地方志，比如《陕西通志》《三原县志》《洪洞县水利志补》等。《后泾渠志》将水册进行了汇编，可见水册对水利发展的重要性。水册是指经过政府指导和认可，在所辖渠道的渠首，组织用水户协商，制定的记载水权分配的登记册。水权分配的原则是根据农户享有地权而定，即按地供水。这也就意味着水册对农户的土地进行了一定程度的确权。一旦登记在册，在一定时期内，便能保证土地和水资源的权属稳定，维护相关人的权益，促进农业生产。❷ 水册制度运作流程是：每部水册发生效力之前，都需要经过知县的验证，盖有公章，才能发挥其确权效力。而水册记录的内容，则因为层级的不同而有差异。水册内容既有粗略的记载，比如渠系名称、位置、面积和用水情况，亦可以详细记录，包括各户的用水时间、次序、水量等，越是低级别的水册，记载内容越详尽。明清之际，以乡规民约为主要表现形式的地方性农田水利法规成为基层社会主要的水利法规。而这些乡规民约、水册、渠规等又是在水利工程建成之初由全体出资、出力人共同商定而成的，它的主要内容既体现着特定水文条件、地形条件下不同出资、出力人的利益平衡，又体现着一定地域的风俗习惯、道德传统等价值选择，它既依靠官府的支持与认可，又具有一定的独立性，不会因政权的更迭而发生根本性的变化，因而具有较强的历史传承性。清代的地方农田水利法规不仅直接继承了明代的法规，而且明清之际颁布的法规，在清代依然被认可并得到认真执行。尤其是同一水利工程，这种继承性更为明显，比如元代的《用水例》和《洪堰制度》，在光绪年间修订的《泾阳县志》中能寻到类似规则和制度。清代地方水利法规的

---

❶ 田东奎. 论中国古代水权纠纷的民事审理 [J]. 西北大学学报（哲学社会科学版），2006（6）：72-77.

❷ 秦泗阳，常云昆. 中国古代黄河流域水权制度变迁（下）[J]. 水利经济，2005（6）：3-6，64，72.

内容，在增补完善的基础上更具可操作性。翻阅清代地方志以及民国时期地方志中记载的清代沿用下来的渠规水册，可以看出清代多数灌区内用水管理制度规定得十分详细。从目前的法律规定来看，按照《中华人民共和国水法》第三条、第七条，以及《取水许可和水资源费征收管理条例》第四条的规定，农村集体经济组织及其成员享有直接取水灌溉的权利，不需要获得取水许可证。此外，在既有的法律体系中，再无关于农业用水的具体规定。❶

对于国家介入农田水利工程的范围和程度，冯贤良依托史实，细致地梳理清代横桥堰水利发展历史。在对历史经验的总结中，他指出封建社会中的乡村水利发展主要是以防范灾害、储蓄水源为基础。在此背景下，政府能够有力地整合社会资源，协调各阶层不同利益主体间的关系，为大兴水利夯实基础。❷ 高禹等从正式制度和非正式制度的二元对立视角出发，分析了1930年前后关中地区的水利改革。他们认为，1930年的水利改革是突破封建社会中官民合作维系水利灌溉的模式，转而建构了一个自上而下的水利管理体制，主要包括专管机构和基层组织结构的管理制度、量化的水权制度、按亩收费制度等。这一改革的路径是从国营官渠系统到国营民渠系统的变革模式。在1930年关中水利改革中，关中地区普遍建立了水利协会，这些协会是连接水利正式制度和乡村非正式制度的桥梁。然而，尽管1930年前后的水利改革声势浩大，但高禹和耿占军认为并未在传统和现代中找到平衡，实现平稳过渡。尤其是在改革中，新老势力的交锋并没有带来实质性的变革。❸

在清末民初，传统管理体制与现代管理体制不断交锋。周亚揭示了水利管理体制改革成功与否与政府的执政能力密切相关。为了进一步阐释这一观点，周亚以民国时期泾渠的水利管理体系改革为考察对象。❹ 为了兴修水利，泾渠水利管理体系改革有内部自主革命和外部参与革命两种路径。

❶ 龚春霞. 农业水权纠纷及其解决机制研究［J］. 思想战线，2016，42（5）：161-166.

❷ 冯贤亮. 清代江南乡村的水利兴替与环境变化：以平湖横桥堰为中心［J］. 中国历史地理论丛，2007，22（3）：38-55.

❸ 高禹，耿占军. 制度变迁：1930年前后关中地区的水利改革：以泾惠渠的修建和小型水利改革为例［J］. 西安文理学院学报（社会科学版），2011，14（5）：1-5.

❹ 周亚. 1912—1932年关中农田水利管理的改革与实践［J］. 山西大学学报（哲学社会科学版），2009，32（2）：62-66.

内部自主改革是指改良机构，设立龙洞渠管理组织；外部参与改革则是通过设立水利公会，发展民间自主的灌溉管理体制，用以协调灌溉纠纷。但是周亚认为改革收效甚微，归因于政府羸弱，执政能力低下。内外部的改革都未实现兴修水利的目标，原因在于内部管理体制的改革仅仅是形式上的改变，并未能脱离传统管理模式的影响；外部管理体制则没有充分调动农民的参与热情。改革触礁的根源在于政府治理能力微弱，社会政局动荡。❶ 饶明奇则关注中央权力的作用对于乡村水利变革的影响。在动荡的社会关系中，自上而下的水利管理体制以及由君主意志修建的水利工程，面临着巨大的变革挑战。尤其在民国时期，中央对于乡村水利的调配力极其有限，导致水利事业逐步衰落。乡村水利如何在社会关系转型中寻求发展，成为了一个核心的问题。尤其是农田水利活动中的习俗习惯，如何与正式的规则和制度兼容是近代社会变革中的重要议题。❷

从我国封建社会水利事业的发展观之，农田水利主要依托于乡土文化，甚至在纠纷解决中，也多数依赖于渠长等社会人士予以协调，国家在农田水利建设中处于消极被动的状态。新中国成立前后，封建制度瓦解，水利管理体制也伴随政权变动、经济体制改革而随之改变。

新中国成立后，关于国家权力在乡村水利中的运作方式，社会学研究者主要采取实证调查的方式，总结不同地区的权力运作形态。邢成举和代利娟分析了在灌区不同发展模式下，王桥村灌溉用水的历史变迁。他们阐述了新中国成立以来，灌溉用水领域内国家、市场和社会力量之间的互动关系，并依此归纳出四种模式：国家供给和国家组织模式、国家供给和基层组织自组织模式、市场供给和基层组织自组织模式和市场供给和农户自组织模式。通过对不同模式下用水情况的考察，他们认为组织间的良性互动是确保有序且安全用水的保障。尽管国家、市场和社会需要合作，但从水利发展兴衰史观之，基层社会组织在水利供给中起到关键性作用。当下，市场化的水利供给模式无法弥补水利设施的公益属性，造成农民用水秩序的紊乱。新时期下，协调不同主体间的利益，组织合理的合作模式是回应

❶ 周亚. 1912—1932 年关中农田水利管理的改革与实践 [J]. 山西大学学报（哲学社会科学版），2009，32（2）：62-66.

❷ 饶明奇. 明清时期黄河流域水权制度的特点及启示 [J]. 华北水利水电学院学报（社科版），2009，25（2）：75-78.

水利建设问题的根本。❶ 袁松从经济学角度出发，剖析农田水利的产权性质变迁。从 1949—2006 年，农田水利产权经历公共物品、社会化财产、公域品、私人品这四个阶段。2006 年以后，袁松则认为农田水利产权具有两种属性，分别是农户自组织模式下的开放群体的共同品和农户-农户模式下的不依赖市场分配的私人品。这两种模式反映农民合作的意愿强弱。袁松通过调查发现，当前农田水利发展主要以合作意愿较弱的农户-农户模式展开，在这一模式下，国家介入时机和程度、跨地域农户的合作是关注的焦点。❷ 田先红和陈玲将荆门市新贺泵站的农田水利变迁置于国家变革的潮流中，以分田制改革为节点，将这一过程划分为组织模式和民主模式。从国家全包全能到交付市场，从水利公共品走向水利私人品，阐述农田水利走向衰败的过程。田先红和陈玲以高阳镇政府通过赠送泵站以促进开发的事例为切入点，揭示了新时期下农田水利发展的合作模式。❸ 贾林州和李小兔从交易成本的角度出发，分析了社会权威结构缺乏以及农户经济基础分化如何增大交易成本，进而导致农田水利市场化改革成效不足。他们类型化地观察了江汉平原和豫南地区不同灌区的权威结构，将其分为友好泵站灌区的单干模式、许垸村六组的集体合作用水模式、许垸村五组的部分合作用水模式、友好村六组的承包用水模式。不同的用水模式，取决于村落负责人权威的强弱。有较强权威的小组，能有效避免搭便车的问题，从而形成良好合作基础的农田水利发展模式。❹

万婷婷认为，内生型社会治水形塑治水社会，这种社会性治水活动是治水当事人共同协商的结果，也是多个治水参与者共同参与的组织性活动。我国基层治水的若干案例表明，国家基础性权力的成长与基层协商民主的发展之间呈正相关关系。在国家-社会互动过程中，伴随着国家基础性权力的成长。我国基层水治理协商历经了民间自我协商、行政主导协商、党政

---

❶ 邢成举，代利娟. 基层组织回归方解乡村水利困境：基于对荆门王桥村水利状况调查 [J]. 天津行政学院学报，2011，13（5）：75-80.

❷ 袁松. 建国以来农田水利的产权性质变迁：以鄂中拾桥镇为例透视当前水利困局 [J]. 天津行政学院学报，2011，13（1）：78-84.

❸ 田先红，陈玲. 农田水利的三种模式比较及启示：以湖北省荆门市新贺泵站为例 [J]. 南京农业大学学报（社会科学版），2012，12（1）：9-15，57.

❹ 贾林州，李小兔. 论乡村水利制度的约束条件：理解江汉平原和豫南农区的小农治水与合作 [J]. 学习与实践，2011（3）：112-120.

引领协商三种模式的演变。在国家基础性权力不断增长的进程中，要积极发挥治水这一公共性活动对治水国家观念的形塑，重视国家基础性权力对基层社会治水进程的渗透和调节作用。有效激发民众在公共事务治理中的参与意识，畅通和扩展公众参与渠道，确保所有协商治水的参与者能够表达其真实的参与意愿。同时，要将多元治水的社会资本逐渐纳入制度化的参与渠道，拓展国家与社会之间的双向赋权空间，推进国家治水过程中协商治理的高效性和回应性。❶

由此观之，无论是从水利的性质、组织模式抑或农民合作的意愿角度来看，新中国成立后，农田水利设施的权力运作与人民公社、分田制改革、税费改革等国家运动式政策推进息息相关。对于国家权力的演进模式，黄宗智从华北地区和长江三角洲的农业发展出发，通过考察国家建造的大兴水利工程与农户自己修建的灌溉井之间的差异，显示出在水利发展过程中，国家权力对资源有效和充分的调配作用。他提出在中国农田水利发展过程中，国家权力从弱到强再转弱的一种发展趋势。目前，我国水利管理体系主要是由自上而下的流域管理机构和行政单位实现国家权力对资源有效和充分的调配功能。❷

在此基础上，学者开始反思费孝通所描绘的乡土中国是否已不复存在，现代农田水利事业的根基是否已经动摇。罗兴佐等通过社区记忆和社会经济分层对村庄进行类型化，判别村庄的社会基础和自我治理能力。在这一分类下，荆门市的村庄被视为缺乏记忆和社会经济分层的村庄。他们跟踪荆门市"高阳镇村庄公共工程建设项目"，通过描绘水利工程建设中的打井、增加抽水机以及青苗损失补偿中的争议，揭示了水利工程建设中多元利益的博弈。同时，他们也描绘了农民不愿为公益牺牲的自利心态，揭示出农民合作意愿背后的社会制度背景因素，比如水系对农民团结程度的影响，以及舆论压力大小对农民集体行动的影响等。他们提出立足于村庄性质，提升和恢复农村自我治理的能力，比如以村庄行动能力强弱，合理地

❶ 万婷婷，郝亚光. 治水社会：国家基础性权力成长与基层协商能力建构：以中国基层治水事实为研究对象［J］. 福建论坛（人文社会科学版），2021（4）：179－188.
❷ 黄宗智. 华北的小农经济与社会变迁［M］. 北京：中华书局，1986. 283.

分配外部资源的输入，以维系村庄在水利工程建设中的功能。❶ 谭同学认为，在大型水利工程难以对接农田水利，且农户合作意愿达成成本较高的基础下，部分村落通过划片承包，分散农户开发水利，实现灌溉的模式，不能解决根本问题饮鸩止渴。他认为唯有通过团结，才能恢复农田水利的持续灌溉功能。❷ 贾林州等进一步对乡村水利的经济基础提出质疑，他们认为，近年来，作为经济基础的农地制度已经发生根本性变革，"半公半农"的生产机构已经动摇农地制度。贾林州和刘锐以豫南 A 镇作为研究对象，随着乡村非农收入的增长和农业发展的没落，A 镇乡村水利以个体性小水利为主，集体水利供给逐步瓦解。他们认为个体化小水利盛行的原因在于税费改革后的治权微弱和农民思想观念的改变。通过对纯务农、半工半农和纯务工农民的调查发现，半工半农和纯务工的农民对土地持有意识淡薄，而这部分群体占比已经相当可观。❸

在农村社会结构性变革下，学者们纷纷提出恢复农田水利发展的对策。罗兴佐认为村庄水利的发展是村庄治理的缩影。罗兴佐选取新庄村的机井作为研究对象，他认为机井有序运作的三个特征分别是完善的渠系、共识的用水规则和权威的纠纷处理机制。罗兴佐将后两个特征视为乡村水利发展的基石。新庄村的用水规则覆盖水资源开发和利用的全过程，包括收费、计时、放水、管理等方方面面。他认为用水规则的实践深受当地社会和历史背景的影响。在新庄村，用水规则的有序运行取决于新庄村厚重的水利历史、以宗族为单位组建的具有超强凝聚力的组织结构和乡村传统的舆论压力等。村庄水利的发展与村庄的内在结构呈现互相因果的关系，两者相互牵制和影响。❹ 罗兴佐等将村庄、区域与乡村水利的发展紧密关联。他们以资源多寡、人口众少、种族兴衰来区分关中和荆门农村，前者属于有内部凝聚力和号召力的内向性村庄，容易形成合

---

❶ 罗兴佐，贺雪峰. 论乡村水利的社会基础：以荆门农田水利调查为例 [J]. 开放时代，2004 (2)：25 - 37.

❷ 谭同学. 农田水利家庭化的隐忧：来自江汉平原某镇的思考 [J]. 甘肃社会科学，2006 (1)：219 - 221.

❸ 贾林州，刘锐. 论乡村水利的经济基础：以豫南 A 镇农田水利调查为例 [J]. 天津行政学院学报，2012，14 (1)：76 - 81.

❹ 罗兴佐. 村庄水利中的用水规则及其实践基础 [J]. 湛江师范学院学报，2009，30 (5)：19 - 22.

作局面；后者则是人口流出、村落结构松散的外向性村庄，农田水利建设高度分散。❶

从上述学者的研究中发现，尽管当前国家对基层的控制力可能有所削弱，农村经济基础也在发生变动，但历史上对于水利设施维护和管理的经验仍然值得借鉴。在农田水利设施市场化改革过程中，如何平衡国家权力与农民积极性同时兼顾农田水利设施的公共利益，是值得我们深思的。

三、乡村农田水利组织的管理模式变革

对于乡村农田水利组织的管理研究，可以从宏观和微观两个角度来考察：微观层面的研究以用水户协会为切入点，细致地分析农民民主参与水利建设的问题；宏观层面则是从制度变迁入手，重点关注传统水利管理体制向参与式管体制的转变。本书将从这两个角度，对相关文献做一个梳理。

用水户协会（Water User Association）作为一个舶来品，在世界银行、亚洲开发银行等相关国际组织及中国水利行政主管部门的共同努力下，各地农民用水户协会自成立以来有了不同程度的发展。根据水利部相关数据，截至 2006 年，中国用水户协会已覆盖至全国 30 个省（自治区、直辖市），各种类型的农民合作组织达 2 万个，农户参与数有 6000 多万人。❷

国内外对用水户协会的研究文献比较丰富，主要集中在以下议题：一是用水户协会组建的必要性和正当性；二是用水户协会与灌溉管理体制改革的关联；三是中国用水户协会的困境与出路。

对于用水户协会组建的必要性和正当性，不能单单从用水户协会运行成效经验入手。在国外的运行过程中，成败案例皆有。成功的案例有日本土地优化区的灌溉管理，失败的案例则有马达加斯加政府在用水户协会管理中设置冗长复杂的程序，降低运作效率。❸ 经验的成功和失败属于实然问题，但仍需要关注实然问题背后的应然问题，即用水户协会组建的必要

---

❶ 罗兴佐，李育珍. 区域、村庄与水利：关中与荆门比较 [J]. 社会主义研究，2005（3）：70 - 72.

❷ 孙婷. 用水户协会法律制度比较研究 [J]. 人民黄河，2007（12）：63 - 64.

❸ 韩东. 当代中国公共服务的社会化改革研究：以参与式灌溉管理为例 [D]. 武汉：华中师范大学，2009.

性及制度需求。对于这一问题，主要有以下分析：一是国家增强对乡土治理的实效需求。应若平强调在乡土治理中，国家对乡村的控制力较弱。❶在农田水利灌溉中，乡村组织捆绑收费的行为屡有发生，这部分费用通常无法进入国库，也不能专款专用为农田水利建设。国家税费改革后，对乡村的控制力进一步下降，为了避免乡村治理的混乱，国家希冀通过培育农民用水户协会，形成自主治理的改革，提升乡村治理的效率，降低行政成本。二是明确乡村水利发展的主体，扭转农民思想观念。分田制改革后，小农经济的分散性暴露无遗，农民在缺乏激励的情况下，往往难以为公共利益自主地修缮和管理水利设施。然而，用水户协会的建立，提升了农户在水利管理中的主体地位，调动了参与水利建设和管理的积极性。用水户协会自主负责水费的确定和水资源的使用，为农户之间提供一个沟通协商的平台，减少了农户之间的用水冲突，并且有效地在农户中形成节水的意识。三是实现组织合作的扁平化，增强组织透明度，提升组织合作效率。用水户协会在减少水费征缴环节，提升农户缴费积极性的同时，也能够及时地将水费上缴国家。同时，用水户协会通过有效的监督途径，充分实现透明的水费征缴机制，减轻农民负担。四是吸纳多元利益主体的意见，兼顾弱势群体的利益。用水户协会制度避免国家权力的"一刀切"，能够倾听不同主体的声音，照顾经济能力较差的弱势群体，确保他们的生存之本，同时保障他们的用水安全。

离开灌溉管理体制改革的用水户协会形同虚设。换言而之，用水户协会的诞生与灌溉管理体制改革密不可分。用水户协会作为农民基于共同的用水目标，自主组建的用水组织，如何在灌溉管理中形成话语权，合理地分享水资源开发和利用的红利，是关注的重点。

伴随着 20 世纪 80 年代新公共管理运动的兴起，国外灌溉管理的主体逐步由国家和政府向用水户协会转移。灌溉管理的相应职能由用水户协会履行，原因在于政府在公共选择中的失灵。在这种情况下，将相关职能交由社会或者市场运作，能够提升管理效能，并保证农业和灌溉的可持续发

---

❶ 应若平. 国家介入与农民用水户协会发展：以湖南井塘农民用水户协会为例 ［J］. 湖南农业大学学报（社会科学版），2008（3）：38 - 41.

展。❶然而，在这一改革过程中，国家和社会的力量悬殊，这使得确保资源的高效控制成为改革的核心目标。实践中，用水户协会的良好运作，有几大先决条件：

（1）政府主导灌区管理体制改革。政府在灌区管理体制改革中，需要提供制度保障。首先，政府需要提供辅助担保职能。Kumar 等认为，如果将用水户协会视为单一的灌溉管理自主组织，那么由于组织力量的局限性，导致资源不能被充分调用和利用，因此，政府必须在一定事项上提供最基本的担保功能，以维持用水户协会的运作。❷其次，政府需要提供完善的政策支持。❸Sagardoy 认为，政府在灌区管理体制中可以缩回"有形的手"，但是必须通过政策把握水利资源开发和配置的大方向。在此框架下，政府需要赋予用水户协会相应的强制权力，才能使其完成水费征缴等职能。最后，政府需要充分保证用水户协会的独立自主权。❹Svendsen 等指出，用水户协会是农民自主开发和管理水资源的平台，是激励农户合作的重要途径。政府必须充分给予用水户协会经济职权，使其能够独立开展商业交易并不断创收，从而确保能够为组织内的农民带来切实的利益，进而调动农户参与的积极性。❺

（2）建立明晰的产权制度。Restrepo - Garces 指出，水利作为公共物品，通常会因为缺乏激励，产生"搭便车效应"，导致水利设施维护和水费征收困难重重。只有在农民用水户协会组织下，为农民建立清晰的产权，激发水利的私人物品属性，才能让农民肩负起相应的责任，从最低层级的

❶ World Bank. A world bank policy paper：Water resources management ［R］. Washington D. C.，1993.

❷ KUMAR M D，SINGH O P. Market instruments for demand management in the face of scarcity and overuse of water in Gujarat，Western India ［J］. Water Policy，2001（3）：387 - 403.

❸ VERMILLION D L，RESTREPO C G. Impacts of Colombia's current irrigation management transfer program ［J］. Colombo，Sri Lanka：International Water Management Institute，1998（2）：47 - 60.

❹ SAGARDOY J A. Lessons learned from irrigation management transfer programs：proceeding of the International Conference on Irrigation Management Transfer，Wuhan，China，September 20 - 24，1994 ［C］. Wuhan：International Water Management Institute，1994.

❺ SVENDSEN M，VERMILLION D. Irrigation management transfer in the Columbia Basin：lessons and international implications ［M］. Colombo，Sri Lanka：International Water Management Institute，1994.

开发水资源开始，逐步通过市场交易实现水资源的增值和农业的可持续发展。❶

（3）与用水户协会匹配和协调的灌溉组织体制。Sehring 揭示用水户协会是一种新型的组织形态，其运作仍是在既有的制度约束和社会背景中。❸用水户协会既是改革的产物，又是改革的助力器。为了让用水户协会能够独立自主的运作，发挥其最初的成效，Johnson 在总结和分析灌溉管理体制改革方案基础上，提出农民自主参与和灌溉管理体制改革相辅相成，共同推进农田水利的建设。❷ Sehring 在实证分析用水户协会运作后，认为当地既有的农业基础和政府管理体制无法为用水户协会的发展提供良好的土壤。政府强力推行的政策，因为缺乏相应的保障机制，常常无法取代民间社会业已形成的规则，导致正式规则的实效被否定。❸

（4）灌溉管理的权责转移。Nakashima 在分析巴基斯坦的水利灌溉改革后，指出用水户协会的寿命常与项目周期相关。一旦项目终止，用水户协会也会逐步失去其实际效用。这类用水户协会的组建，只是形式上为了满足项目资助的条件，缺乏实际变革灌溉管理体制的诱因。为了充分调动用水户协会参与灌溉的积极性，赋予用水户协会相关的权利是必要的，包括但不限于水资源的使用权、水利设施的管理权和受益权等，并且通过法律或规则予以确认。❹ Peter 则从正面效应出发，考察灌溉管理体制改革成功的事例。他发现最关键的因素是灌溉管理权的移转。在管理权的权属变革后，用水户协会能够充分调用一切可利用资源，包括当地劳动力、资金等，提升灌溉效率。而且，当用水户协会具有对水利设施处分和收益权时，用水户协会会积极在市场中寻找合适的机遇，将资源利用最大化。尤其在

---

❶ RESTREPO-GARCES C E, VERMILLION D, MUÑOZ G. Irrigation management transfer. Worldwide efforts and results：proceedig of the Fourth Asian Regional Conference & 10th International Seminar Participatory Irrigation Management, Tehran, Iran, May 2–5, 2007 [C]. FAO Water Reports, 2007.

❷ JOHNSON S H. Structural Reform Plan in Irrigation Department. Reported on the 6th International Symposium on Water User Participation in Irrigation Management, June 10–12, 2002 [C].

❸ SEHRING J. Irrigation refrom in Kyrgyzstan and Tajikistan [J]. Irrigation Drainage System, 2007 (21)：277–290.

❹ NAKASHIMA M. Pakistan's institutional refrom of irrigation management：Initial conditions and issues for the refrom [J]. Hiroshima Journal of International Studies, 2005 (5)：121–135.

管理过程中，通过合理的制度设计，控制成本，减少花费，预防腐败。❶ Meinzen – Dick 则聚焦农民用水户协会的责任问题，他认为农民用水户协会的行为基础是用水户的合法权益。这是行为的外部约束条件，并且应该根据用水户的合法权益，建构合理的监督机制，使得用水户协会能够实现设立的根本宗旨。❷

（5）农户参与的组织基础。Bardhan 基于大量的参与式灌溉管理体制的成功案例，发现集体行动的共同基础。用水户协会作为集体行动的组织基础，在参与式灌溉管理体制中发挥着巨大潜能。❸ Jules 和 Hugh 根据用水户协会的发展阶段，提出了用水户协会从依赖型组织向自主管理型组织过渡，并揭示了每个阶段特有的问题和应对方案。❹ Robert 等则立足于用水户协会的实际运作，从用水户协会内部组织架构和外部机制两个维度出发，探究了用水户协会在水利管理中取得成功的因素，包括明确协会规则、用水户之间的信任基础、协会与政府之间良好的合作机制等。❺ 此外，为了增强协会的可持续发展，对于协会外部，需要加强信息公开，保证透明化的运作；对于协会内部，通过技能培训，增强参与人员的专业性，尤其是农户对于财务知识的掌握，以便在水利灌溉中做出更符合成本收益的决策。尽管用水户协会是一个自主管理和参与的组织，但是仍需要注意组织内部对于农户的激励作用。Meinzen – Dick 在分析全球用水户协会的实践基础上，提出需要构建不同类型的激励形式，鼓励农户参与到用水户组织运作中，真正实现参与式管理体制改革，实现水资源配置的目的导向。❻

---

❶ PETER J R. International network on participatory irrigation management ［J］. Participatory Irrigation Management，2004（6）：1－13.

❷ MEINZEN – DICK R，Beyond panaceas in water institutions ［J］. Proceedings of the National Academy of Sciences of the United States of America，2007，104（39）：15200－15205.

❸ BARDHAN P. Analytics of the institutions of informal cooperation in rural development ［J］. World Development，1993，21（4）：633－639.

❹ JULES P，HUGH W. Social capital and the enviroment ［J］. World Development，2001（2）：209－227.

❺ ROBERT C H. Appropriate social organization：Water user associations in bureaucratic canal irrigation systems ［J］. Human Organization，1989（1）：79－90.

❻ MEINZEN – DICK R，RAJU K V，GULATI A. What affects organization and collective action for managing resources? Evidence from canal irrigation systems in India ［J］. World Development，2002（4）：649－666.

（6）用水户协会合理的规则。世界银行对于用水户协会的建立有四条标准，分别是以农民选举、自主管理、自主决策作为基本原则；突破行政村，以水域为边界跨行政区域组建；以方为单位量水和收取水费；水费实行专款专用，用以水利设施的维护和修缮。❶ 但是在我国水利灌溉体制改革中，用水户协会的运作情形则不同。受助于世界银行项目的灌区，用水户协会能够较好地运作。然而，用水户协会的成立仍然难以摆脱科层制的官僚体系，通常以行政村为单位进行组建。❷ 我国各地用水户协会在运行中存在很大差异。由于自然环境和文化条件的差异，有的地区运行良好，与当地经济有了良性互动；有的地区运行失败，名义上有用水户协会存在，实际仍沿用原有的用水灌溉方式，有的则干脆解体；有的地区运行举步维艰。即使是同样自然条件的区域，差异依然很大。如在江苏地区，自然和文化条件大致相同的情况下，仍然是有的成功，对当地水资源管理发挥积极作用；有的失败，组织形同虚设；有的障碍重重，不断出现新的摩擦和问题。

在我国探索水利灌溉管理体制改革进程中，用水户协会是一个重要的改革方向。然而，实践中的农民用水户协会却遭遇各种实践问题，学者对这些问题进行了深入和有效地探讨。

对于农民用水户协会在运作中的问题，学者们立足于自身的学术专长，给出不同的问题清单。穆贤清等主要从参与式灌溉管理体制运作中，宏观地指出相应的问题，包括用水户协会产权不明晰、用水户协会运作资金保障不到位、农业在产业结构中的薄弱地位、政府对口的管理机构责任不清、地方政府治理能力弱等。❸ 张陆彪等则选取湖北省漳河三干渠灌区和东风渠灌区的 10 个用水户协会 208 户农户开展调查，分析和整理了用水户协会运作中的问题，包括农民民主参与机制匮乏、监督不到位、用水户协会权力有限、用水户协会运作透明度不高、农民缺乏相应的申诉抱怨机制和合

---

❶ 应若平. 国家介入与农民用水户协会发展：以湖南井塘农民用水户协会为例 [J]. 湖南农业大学学报（社会科学版），2008（3）：38-41.

❷ 仝志辉. 农民用水户协会与农村发展 [J]. 经济社会体制比较，2005（4）：74-80.

❸ 穆贤清，黄祖辉，陈崇德，等. 我国农户参与灌溉管理的产权制度保障 [J]. 经济理论与经济管理，2004（12）：61-66.

理的补偿规则。❶ 周晓平等则提出用水户协会运作中呈现的多元问题，内部问题主要是农户参与积极性不高、人力和物力资源匮乏，外部问题是工程质量不高、精准化欠缺、法律规则不健全等。❷ Murat 对于土耳其水利灌溉问题的研究，与中国某些问题不谋而合，可见用水户协会的运作问题具有世界普遍性。Murat Yildirim 通过借助模型，对土耳其 Gedia 河流域灌溉管理权移交前后水利情况进行分析，指出农民用水户协会带来诸如水费征缴率提高、灌区运行资金增加等红利的同时，也面临困境，比如水费成本增加以及用水户协会民主制度形同虚设等。❸

针对农民用水户协会的种种困境，学者给出不同的解决之道。张陆彪提出三条改革意见：第一，通过农村税费改革，不断削弱基层公权力的介入空间，逐步培育民间组织，实现自主管理，唤醒传统乡村社会的自治机制，提高决策的科学性和可接受性；第二，通过土地制度改革，提升农民对土地的支配力度，增强农民的参与积极性；第三，通过多种途径，增强用水户协会信息公开力度，扩大农民对水利资源开发和利用的知情权。❹ 冯广志、陈菁的对策主要聚焦于用水户协会的可持续发展，他们提出在水利项目终结后，用水会协会应当继续延续。他们认为可以通过以下途径实现：第一，对项目内的用水户协会参与进行评价和改进；第二，整合用水户协会的资源，通过资源合并，实现资源的最大化利用，建立用水户协会的联合会；第三，优化灌区农业结构，增强水资源的利用效率，促进农村水利经济市场化；第四，通过工业和农业协同发展，提升农村水利设施的增值空间；第五，通过精简机构和人员，降低灌区管理行政成本，优化服务品质。❺ 王雷等则主要关注用水户协会与农民之间的关系改善：第一，明确水费的征收权力和享有者，使得水费取之于民，用之于民；第二，管

---

❶ 张陆彪，刘静，胡定寰. 农民用水户协会的绩效与问题分析 [J]. 农业经济问题，2003（2）：29 - 33，80.

❷ 周晓平，王宝恩，由国文，等. 基于和谐用水的组织创新：农民用水者协会 [J]. 水利发展研究，2008，8（2）：26 - 29，42.

❸ MURAT Y, BELGIN C, ZEKI G. Benchmarking and assessment of irrigation management transfer effects on irrigation performance in Turkey [J]. Journal of Biological Sciences, 2007（6）：911 - 917.

❹ 同❶。

❺ 冯广志，陈菁. 参与式灌溉管理的案例调查：安徽省淠源渠灌区参与式灌溉管理调查之一 [J]. 中国农村水利水电，2004（7）：1 - 3.

理部门要从实落实用水户协会，不能流于形式，导致权力寻租；第三，水行政主管部门通过良好的政策和制度，积极组织农民培训，提高农民参与用水户协会的科学性。❶ 徐宁红等的解决之道，主要以政府为主导，加强与用水户协会组织合作：第一，政府在政策上给予农民用水户协会宽松的空间和充足的资金投入；第二，政府要强化对协会有力的监督；第三，政府要对用水户协会实施指导，尤其是在水费制定上。甚至政府可以通过补贴，防止水费定价过高，超过农民的经济可承受力。❷

综上所述，国内外学者对于用水户协会的研究较为全面，有从宏观入手，在水利灌溉体制改革中考察，也有从微观着手，考察协会中农民、国家和社会的互动。但是依旧发现，学者在讨论用水户协会问题时，难以建立有效的评价和分析基础，而是抽取各种不同因素，加以分析和解释，难免呈现空泛之感。学者在对用水户协会的实际运作考察中，流于形式运作的讨论，没有深入地展开，仅停留在用水户协会的本身，尤其对于中国引入用水户协会的实际动因的考察是缺失的。总的来说，目前学者的研究更多停留在宏观层面，对于用水户协会在法律主体地位的研究，以及用水户协会在实际运行中出现的种种障碍问题研究涉及还较少。同时，绝大多数学者的研究是基于管理学的视角，很少有学者从法学或者社会学的视角分析农民用水户协会主体资格，以及运行中"参与式"发展在其中所起的作用。

"参与式"在不同学科的视域中具有相异的概念内核：第一，政治学上的"参与式"发展旨在保障弱势群体的决策权，以期能在决策中发挥话语权，实现倾向性保护，推动社会结构的变革；第二，社会学中的"参与式"发展关切个体在社会变迁中的平等参与和互动；❸ 第三，经济学上的"参与式"发展是以干预效率为衡量标准，参与认同是以效率的总体提升为前提。下面重点讨论"参与式"发展理论在社会学领域中的概念使用。

---

❶ 王雷，赵秀生，何建坤. 农民用水户协会的实践及问题分析 [J]. 农业技术经济，2005 (1)：36－39.

❷ 徐宁红，杨培君. 宁夏引黄自流灌区农民用水户协会调查研究 [J]. 中国水利，2008 (11)：60－62.

❸ 陈建平，林修果. 参与式发展理论下新农村建设的角色转换问题探析 [J]. 中州学刊，2006 (3)：42－46.

由于国际援助项目的带动，"参与式"发展理论被广泛地用于农村发展中。在发展早期，该理论的实践主要在于国际援助项目的申报和实施中。当前，"参与式"发展理论主要用以实现制度的重构和创新，具体是指提升农民的决策权力，但这一权力的赋予并非是通过政治强力的推动，而是需要农民自发地组织，形成高度组织化的利益集体，参与到与政府的互动中。在中国新农村建设中，如果无法让农民自主有效地参与到管理中，多元化的利益缺乏表达渠道，那么有关的决策难免偏颇，无法实现利益的最大化。

为农民用水户提供生产、生活的用水的灌区是一个独立的服务实体，其运行和管理和一般企业之间有很多相似之处，但它有以下几点不同于企业：第一，特定的管理对象。灌区内的受益对象是区域内的农户和相关社会组织。第二，社会关系平等化。灌区管理单位与农户并非具有任何隶属关系，两者更加强调的是目标内的合作，农户是通过自发自愿参与管理，实现水资源的充分利用。"参与式"管理在农村水利工程项目建设中也被广泛运用。在小型水利工程项目运营过程中，农户自主的参与机制已经深入人心。农户通过用水户协会等社会组织，切实参与到水利工程建设的决策、规划、实施、运营中，农民是否深入参与已成为衡量水利管理体制改革成效的重要参考指标。

四、简要述评与研究视角

本书通过梳理乡村农田水利组织的社会基础和国家制度变革研究，为理解乡村组织变迁提供了外因素材。同时，乡村农田水利组织管理模式的变革研究则为本书提供了组织内部观察的视角。本书研究建立在上述文献梳理的基础上，并尝试在皂河灌区这一特定个案的考察下，对上述理论成果有所增益。

关于乡村水利社会研究，国内外从历史进路、文化视角、理论构建等维度展开富有成果的讨论，但仍存在局限性：第一，历史进路的研究多为宏大叙事手法，而缺乏对于具体组织的微观观察。对于中国古代水利发展的研究，主要依靠历史典籍的记载，将水利与国家建构目标相联系，侧重考察水利建设与农业、商业等产业发展的关联。历史典籍中难以描绘受到国家行动遮蔽的乡村社会图景，无法探究乡村社会与农田水利发展的关联。第二，国外学者对于新中国成立之前的乡村社会的研究，陷入国家主义的独断论。"东方暴君论"有其实用的社会描述功能，但是过于绝对地将水利视为专制主义的根源。"权力的文化网络"虽脱离国家经济发展的单一性，走入社会文化属性的观察，但其所提出水利社会中的祭祀体系已难以解释新中国乡村社会的变革。第三，水利社会学的构建具有理论开创性，但极易陷入研究范畴不明的泥潭。在一般社会学的框架下，水利社会学难以产生特有的理论，通常仅能将理论应用于水利现象的观察中。

关于乡村水利与国家治理的研究，主要围绕水权纠纷的解决机制与农田水利工程建设方式等视角进行讨论。然而，当前研究尚存拓展空间：首先，在水权纠纷机制的研究上，虽然已有一定的制度描述，但缺乏对行动逻辑的深入观察和分析。旧中国农村社会，国家无疑是解决水权纠纷的主导力量，但其处理依据不仅包括正式规则，还广泛涉及习惯法。这些地域性习惯，是一定范围内不同利益群体通过竞争、协商、博弈等互动模式逐渐形成的共识，并被区域共同体所广泛遵从。换言之，深入分析习惯法背后的形成过程，能够揭示水权纠纷处理中农民行动的逻辑与策略。其次，清末民初时期，农田水利工程建设展现出二元化的发展轨迹，即官民合作运营与自上而下的官僚管理体制并存。然而，这种发展方式的选择不具有规律性。彼时，中国正处于政权更迭、地方割据的状态，尚未形成稳固的法治化、制度化社会结构，农田水利工程建设的方式选择因此具有高度的人治属性和地域性。

关于乡村农田水利组织的管理模式，国内外主要选择用水户协会作为切入点。尽管对于用水户协会的研究具有纵深性，但却缺乏对于乡村农田水利组织的全面剖析。无论从用水户协会的基础理念，还是具体的运作机制，国内外都有丰富的研究成果。特别地，用水户协会对中国水利灌溉管理体制的改革产生了深远影响。然而，关于用水户协会与其他乡村农田水利组织之间的关系，仍有较多讨论的空间。

本书在中国水利政策变革的现实背景下，以皂河灌区作为个案，观察组织结构性变革后的动因，包括农民诉求、社会基础等要素。进而，在水利发展的长河下，重新反思国家和社会的互动逻辑。

第三节　研究目的及意义

本书选取具有典型性的乡村农田水利组织——皂河灌区管理所❶作为研究个案。文中所涉及的灌区概念，是指地理区域的灌区，同时也包含灌区管理所的简称，灌区管理所和灌区在某些章节中没有特别地加以区分。我国灌区大多兴建于 20 世纪 50—70 年代，目前灌区主要由灌区管理所（管理局）来管理。

选取皂河灌区管理所有三点考量：一是皂河灌区的示范效应。1997 年前后，皂河灌区抓住世界银行项目投资，充分响应农田水利经营体制改革号召，取得了显著的成绩，被列为重点示范项目，对其他灌区发展有借鉴意义。二是皂河灌区的地理位置。皂河灌区在历史上灾害频发，农田水利建设投入较早且有良好的基础。三是皂河灌区的经济使命。长期以来，农业在苏北地区的经济结构中占有重要位置。皂河灌区肩负着服务农业发展的要务，能凸显其经济属性。通过描绘皂河灌区农田水利建设和维护的历史，试图解释乡村农田水利组织治理的实践逻辑。

本书旨在深入梳理 20 世纪 50 年代以来，在国家水利政策变动、经济体制改革、基层治理结构调整的背景下，皂河灌区的变迁特征。具体来说，主要有以下三方面的意义：一是阐述国家水利发展政策对乡村农田水利组织发展的影响和作用。新中国成立后，在不同的历史发展时期，国家对水利发展的投入力度不尽相同，主要体现在资金支持和劳力保障方面。由此，在不同时期的国家政策下，乡村农田水利组织如何通过组织有效运行，实现农田水利建设和发展目标。二是观察乡村农田水利组织形态和运作机制在国家治理结构变革下的嬗变，更好地实现农田水利组织的服务功能。新中国成立后，中国经济体制由计划性向市场性过渡，政府职能由管理型向服务型转变。在此背景下，乡村农田水利组织如何应对国家结构变迁，如何与国家互动，以更好实现水利供给。三是在组织目标实现中，乡村农田

---

❶　本书中皂河灌区管理所简称皂河灌区。一般认为，灌区指的是有可靠水源和引水、输水、配水渠道系统和相应排水沟道的灌溉面积。

水利组织对农田水利公益性和经营性的平衡。改革开放和国家税费改革后，农田水利面临资金和劳动力不足的困境。乡村农田水利组织如何通过内部制度和系列措施改革，更好调动农民积极性。

第四节 研 究 区 域

一、区域地理

皂河灌区管理所是江苏省宿迁境内一个重要的乡村农田水利组织，主要功能是统筹和协调辖区内农田水利建设和管理，提供农业灌溉和排涝以及少量的工业用水。皂河灌区位于江苏省宿迁市西北部，湖滨新区境内，东临中运河，西与睢宁县交界，南接船行灌区。地势北高南低，西高东低，属黄泛区冲积平原，土质为砂土、砂壤土，透水性强。灌区气候温和，四季分明。

皂河灌区建成于 1970 年，属于中型提水灌区，灌溉水源以南水北调（江水北调）为主，提长江水 6 级、提淮河水 4 级进入灌区。灌区以废黄河为界分为南北两个部分，其中，北部灌区控制面积为 2 个镇约 86 平方公里的农田排灌任务；南部灌区控制面积为 4 个镇约 253 平方公里的农田排灌任务。总控制面积涉及宿豫区和宿城区 6 个乡镇和 1 个区，总计面积 339 平方公里，受益人口 26.7 万人。❶ 皂河灌区的渠首位于皂河镇，其供水业务包括农业用水、工业用水和生态用水三个方面。其中，农业用水任务是供给市湖滨新区（皂河镇、黄墩镇）、宿城区（王官集镇、蔡集镇、耿车镇、双庄镇）、宿迁经济技术开发区（古楚社区、黄河社区），共 34.4 万亩❷农田；工业用水和生态用水主要提供给宿迁经济技术开发区和宿迁工业园。

二、治水文化

皂河镇是宿迁众多水患灾害发生比较频繁的地方，镇上最著名的建

---

❶ 楚永生. 用水户参与灌溉管理模式运行机制与绩效实证分析 [J]. 中国人口·资源与环境，2008 (2)：129 - 134.

❷ 1 亩≈0.0667 公顷。

筑就是敕建安澜龙王庙，龙王庙在明代一直被叫作河神庙。据《宿迁县志》记载，该庙始建于清顺治年间，改建于康熙中期，雍正为感谢河神恩惠，颁旨重修皂河龙王庙，前后共有三次重修和扩建，庙名改为安澜龙王庙，取其吉祥之意。嘉庆十八年（1813 年）重修。通过雍正皇帝对这座庙宇的兴建和扩建，可以推断出当时这个地区水患严重，而清政府也无能为力，只能建龙王庙寄托于神灵的保佑，希望"安澜息波，消除水患"。

宿迁龙王庙行宫御碑

乾隆

皇考勤民瘼，龙祠建皂河。

层甍临耸坝，峻宇镇廻涡。

毖祀精诚达，安澜永佑歌。

彭城将往阅，宿顿此经过。

捍御方多事，平成竟若何。

所希神贶显，沙刷辑洪波。

此五言古诗于乾隆二十二年（1757 年）春二月第二次南巡，夏四月初一回銮至皂河而作。该诗的大意是：雍正和乾隆皇帝勤政爱民，为了百姓安危，致力于黄河及京杭大运河洪灾的治理。为了向上天祈福，庇佑子民，用圆形筒瓦在皂河上建造了一座高大的安澜龙王庙。该庙宇面朝耸坝，背靠运道，大为蔚观，气势非凡，其目的是为了供奉水神，以镇压洪水。乾隆帝借此诗，告诫当地百姓要敬畏神明，虔诚祭拜，才能海晏河清，使百姓解脱于洪灾之苦。乾隆皇帝在该诗后半段，言明作诗背景。由于乘舟而行，无法当天抵达徐州郡，只得停顿住宿。看到皂河地区黄河运道的严重洪灾，乾隆帝深表分身无力，日理万机。为了平息洪水，建庙敬神是唯一方法。

龙王庙内供奉的是金龙兕大王谢绪，这是地位最高、规模最大的神像，以此来抚慰民心。明清之间，每遇到黄河出现事故，皇帝都会加封谢绪，最终谢绪的封号长达 55 个字。然而清皇室的《礼志》中明确规定，天神地祇的封号不准超过 40 个字，包括孔子、伍子胥、关羽、李冰父子等众人所有封号，均未超过此字数限制。唯有海神妈祖封号，比肩谢绪，充分说明封建王朝对谢绪的重视和崇拜，进一步侧面反映帝王关切黄河水患灾害治理问题。

康熙、乾隆均多次视察过苏北地区，他们所见到的无疑都是经过地方官精心装饰过的盛世景色，但他们的御制诗中仍在一定程度上反映了淮北地区恶劣的生态环境。如《堤上四首》中有"淮北由来本瘠土"的诗句。《过宿迁县》一诗中描写该地百姓的形象是"鸠形或伶仃，露肘多蓝缕"。《过宿迁命借给民籽种》中则写道："宿预地卑湿，十岁九逢灾。……矧此瘠郡民，艰状忆向来。"《堤上偶成》也有"宿迁迤逦接桃源，泽国观民鲜饱温"的诗句。❶

帝王的重视以及百姓为了祈求风调雨顺，粮食丰收，衣食无忧，每逢正月初九，老百姓就熙熙攘攘至龙王庙敬香祈祷。随着年代变迁，祭祀活动范围及性质发生微变，祭祀范围由皂河镇向外扩展，并加入商业元素和文化交流性质，庙会由此生成。以祭龙王祈福为本的皂河庙会活动，经久不衰，香火鼎盛，历经 500 年之久。因此，历史上历代皇帝治水过程也是水文化的形成过程。治理水患有利于制度文化的建设，相较于其他地域社会的成因，水利社会有其独特性。

在明、清两代，尤其是清代，皂河龙王庙经历了数度翻新和扩建。在当时，龙王庙成为了灌溉活动中代表国家权威的一种符号。两朝政府借助培育民众对龙王的信仰和修建龙王庙的方式，维持对灌溉活动的引导和控制。自鸦片战争以后，中央政府在农田水利灌溉中的作用逐渐式微。伴随而来的是民间社会对龙王庙的敬畏感逐步衰弱，地方政府、基层水利机构迅速取代龙王庙，控制了农田水利灌溉。新中国成立后，封建思想在我国现代化建设中不断被排斥和消灭，无神论主导国家意识形态。为了抵御水患，国家可借助富有成效的行政与技术手段予以实现，已无须通过龙王庙的象征意义来实现国家对地方的把控。

清代政府之所以在淮河流域内大量兴建龙王庙，并予以修缮保护的主

---

❶ 马俊亚. 被牺牲的"局部"：淮北社会生态变迁研究（1680—1949）［M］. 北京：北京大学出版社，2011：293.

要原因有以下三个方面：一是基于社会稳定的考量。政府主导祭祀仪式，以祈祷上苍，驱旱止雨。一旦官方祭祀后，风调雨顺，民众会更为信服政府；龙王庙的修建对官员的施政具有一定的促进和约束作用。正如英国著名的人类学家阿尔弗雷德·拉德克利夫-布朗所言："一切社会制度或习俗、信仰等的存在，都是由于它们对整个社会有其独特的功能，也就是说，对外起着适应环境、抵抗外力的作用，对内起着调适个人与个人、个人与集体之间关系的作用。"❶ 二是官民合力抵抗灾害的信念。龙神是中国传统文化中的雨神，清代帝王为了祈求风调雨顺，祭祀龙神，龙王庙是祭祀仪式的主要场所。从龙王庙的修缮来看，既有官方维护，也有民间保护。历代帝王敬畏天神，以致官民把龙王庙的建设视为自主行为。在水旱灾害频发的地区，农民通常不会勤于农作，而将丰收寄托于神灵之上。官方为了维护和巩固自己的统治地位，达到防范水灾的目的，往往会主动地修缮龙王庙。可见，官民都具有修缮龙王庙的共同意图。三是与当地自然灾害频发有关。淮河流域内农业生产条件恶劣程度与水旱灾害发生频率成正比。清代，淮河流域水患不断，咸丰年间，黄河改道，宿迁地区受到波及，自然条件异常恶劣。地方官员和民众祈福于龙王，应愿后，亦会还愿，因此龙王庙香火兴旺；❷ 水旱灾害发生之际，官员向龙王祈祷，民众旋即通过捐钱物等形式，积极响应政府行为。

因此，从龙王庙兴建和修缮的原因，可以看出龙王庙具有稳定民心、维系社会安定的作用。龙王庙的兴建中，政府往往起到主导作用，一旦求神应验，民众会对政府充满感激和敬畏，利于政府的统治。国家通过农民的传统信仰，借助祭祀龙王，提升民众对执政的认可度。农民通过祭祀龙王，将灾害都归因于天灾，从而降低农民对国家的期待。龙王庙的兴建和修缮中，官民互动，在解决修缮资金问题的同时，也在无形中强化国家对于农民传统信仰的塑造。

---

❶ 布朗. 原始社会的结构与功能［M］. 潘姣，王海贤，刘文远，等译. 北京：中央民族大学出版社，1999：54.

❷ 徐士友. 兴云泽物：清代淮河上中游地区龙王庙考察［J］. 江汉论坛，2014（8）：109 - 114.

第五节 研 究 方 法

一、资料收集法

围绕乡村农田水利组织变迁这一研究主题，本书收集了大量的相关研究资料。为了了解乡村农田水利组织的历史变迁，本书收集了宿迁不同时期的县志、宿迁市水利志、宿豫县水利志作为研究资料。其中，通过对《宿迁市宿豫区水利志》《江苏水利年鉴》《江苏省志·水利志》等文献的梳理和数据统计，对皂河灌区历史上的水旱灾害以及农田水利建设的历史进程有了较为翔实的了解。同时，作者到宿迁市有关行政机关，例如水利局、农业局、地方志办公室，系统收集了地方历史文化资料、相关统计数据以及政策文件。另外，政府网站和相关媒体报道也是研究的重要素材。作者认真检索了宿迁市政府网、宿豫区机构编制网等网站关于皂河灌区的新闻报道资料，并进行了深入梳理和文本分析。

二、实地调查法

作者对皂河灌区的调查和访谈经历了比较长的时间跨度。2008年，作者接触到了皂河灌区的王学秀书记。王书记热情地邀请作者前去灌区参观。在参观过程中，作者对灌区的农田水利工程设施留下了深刻的印象：修葺一新的灌溉渠、渠道两边整齐划一的杨树，以及有些树木上悬挂着渠道承包责任人的信息等，都让作者感到皂河灌区的小型农田水利建设走在了全省的前列。参观后，这引起了作者进一步调查研究的兴趣。其后，在2009—2016年的8年间，作者多次前往皂河灌区调查和访谈，并与灌区的书记、副所长、相关工作人员进行深度访谈，了解了皂河灌区在当时发展中的瓶颈和难题。在此期间，灌区的工作人员也发生了很大的变化，人员规模逐渐减少。工作环境和人员的变化是基于政策的因素还是内部管理机制的因素？灌区发展困境的原因到底是什么？带着一系列的问题，作者开展了连续近10年的跟踪调查。

实地调查中的主要方法是深度访谈法。深度访谈既是为了深入挖掘并梳理灌区发展的历史性素材，也是为了深入理解不同利益群体对灌区的认知与态度。深度访谈依对象的不同包括以下三个方面：一是对灌区相关工作人员进行访谈，从时间维度来考量灌区的发展状况。二是对当地农民进行访谈，了解历史上争水冲突、当前农田水利建设中的用水问题和矛盾。在访谈过程中，作者克服方言上的困难，走进当地农民的家中，尤其是年纪比较长的农民家中，他们经历了当年皂河灌区早期建设阶段，对皂河灌区早期的设施建设以及灌区各个阶段有比较直观的了解。三是对灌区的上级主管部门，如宿迁市水务局、宿豫区水务局、宿城区水务局以及湖滨新区相关部门的负责人进行访谈，考察灌区发展中的困境，以及如何突破当前的瓶颈期，以期获得更好的发展。

三、个案研究法

本书选择的皂河灌区具有一定典型性，希望通过"小社区"来透视"大社会"。长期以来，有关个案研究方法的代表性，学界有很多争论。王宁认为关于个案研究的代表性问题是"虚假问题"，个案不是统计样本，所以它并不一定需要具有代表性。个案研究的逻辑基础不是"统计性的扩大化推理"，而是"分析性推理"。以统计性的代表性问题来排斥和反对个案研究方法，是对个案研究方法的逻辑基础的一种误解。与此同时，王宁认为提高个案研究的可外推性的一个重要办法是选择具有典型性的个案。典型性与代表性不可混为一谈，典型性不是个案对总体性质的（代表性）"再现"，而是个案集中体现了某一类别的现象的重要特征。❶

下面对本书个案选取作以下几点必要的说明：第一，皂河灌区地处宿迁地区，历史上水患灾害比较频繁。目前，学界有关农田水利组织的研究集中在山西、陕西等省以及长江中下游地区，而淮河流域尤其是苏北地区研究成果相对有限。第二，20世纪90年代以来，皂河灌区及其发展中暴露的问题在全国具有较强的典型性。皂河灌区先后被水利部和江苏省水利厅评为优秀灌区，当世界银行或者其他省份水行政主管部门的人员来江苏省参观农民用水户协会时，皂河灌区往往被选为参观学习的

---

❶ 王宁. 代表性还是典型性？——个案的属性与个案研究方法的逻辑基础 [J]. 社会学研究，2002（5）：123-125.

样本。第三，皂河灌区管理所所长王学秀也是水利部树立的榜样人物，是全国劳动模范，在灌区 20 余年间，灌区发生了巨大的变化。因此，皂河灌区的发展历程及相关问题值得深入解剖。

第六节 本书主要内容

本书力求做到从宏观着手、微观考察，将皂河灌区组织变迁放置在新中国经济制度和社会结构变革的大背景中，深入分析组织变迁的形态及其动因。此外，本书围绕制度，立足事件，既抓住水利管理体制改革的制度性变革，也能聚焦皂河灌区对于制度变革的回应，如成立大禹集团。在结合具体的阐述和论证基础上，严格遵循事件描述和价值评述相结合的框架，分为六章（图 1-1），主要内容如下。

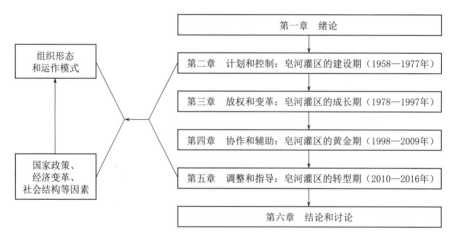

图 1-1 框架结构图

第一章写明研究背景与研究缘起、研究目的及意义、研究区域以及研究方法和研究框架。

第二章分为五节，梳理在国家兴建水利的号召下，皂河灌区建立和发展的进程，呈现全能型组织特征。第一节描绘新中国成立后、灌区建立前，皂河灌区辖区内水患治理和水利工程建设情况；第二节剖析在农田水利建设中，作为乡村农田水利组织的皂河灌区成立的外部激励和内部诱因；第三节考察灌区与人民公社协力建立电灌站，并形成以水利干部主导的管理模式雏形；第四节阐述灌区对农田水利发展带来的红利，包括硬件提升、环境改善等；第五节概括指出灌区在计划经济体制下，对劳力和资金的全面把控，集中力量建设农田水利，保障农业生产。

第三章分为四节，着重分析在水利市场化改革进程中，皂河灌区采取地方精英主导的市场化运作模式，呈现管理型组织特征。第一节重在从政府调整水源、民众节水意识、资金匮乏等角度，阐明农田水利市场化对灌区的影响；第二节则是灌区对市场化作出的回应，从水利产权制度改革开始，至灌区负责人精英推动改革，到大禹集团企业化的运作模式，以及水费征收的变革；第三节则指出灌区市场化进程中，所产生的正面功能和非预期后果；第四节概括指出，在国家放权背景下，灌区充分管理和利用灌区资产，通过水费征收加强与农户的联系。

第四章分为五节，重点关注在借鉴国外灌溉管理模式基础上，灌区自主灌溉管理模式的建成，形成农民参与的市场化运作模式，呈现协调型组织特征。第一节侧重对灌区发展的困境描述，灌区资金缺口增大、经营困境的改造。第二节则是阐明参与式灌溉管理体制，为灌区新生提供了支持和实践指引。从西方经验的借鉴，到世界银行项目的推动，再到我国灌溉市场化的深入，最后形成我国自主参与式灌溉管理体制。第三节则是从运作基础、协会建立、制度规范和多方协力等角度，立体地展现农民用水户协会的运作机制。第四节则突出农民用水户协会对灌区运作的积极影响。第五节则是点明灌区在处理市场化运作下的多重矛盾中，灌区通过建立农民用水户协会，引入农民自主参与，为农田水利的繁荣发展奠定基础。

第五章分为四节，侧重揭示在行政区划调整和国家水利政策变动背景下，皂河灌区僵化的管理体制和面临的资金困境，呈现悬浮型组织特征。第一节说明灌区治理困境，包括脱离行政组织、无法融入市场竞争以及经费缺乏等；第二节详细分析灌区发展过程中困境的成因，包括缺少地方精英主导、农民用水户协会退出、管理体制调整、水利工程债务高筑等；第三节则对灌区未来的组织变革提出意见，希冀通过坚持多样化用水模式、深入项目制、泵站和水利站的自主发展，来唤醒灌区农田水利发展事业；第四节点明游离于行政管理体制下，灌区与政府紧密度降低，对农民的影响力下降。

第六章在总结皂河灌区历史发展的基础上，点明皂河灌区组织性质、组织结构和运作模式的变化，提炼影响皂河灌区组织发展的内在和外在因素，并对灌区农田水利发展的变革提出展望。

第二章 计划和控制：
皂河灌区的建设期
（1958—1977 年）

新中国成立以后，百废待兴。在第一个五年计划的目标下，中国自上而下，大力发展工业，但是工业基础薄弱，经济产值不高。相反，中国人口众多，农业粮食生产事关几亿人民的温饱。大兴农田水利，保障农田充分灌溉，提升粮食产量成为重要目标。当时，人民公社是农村集体生产的组织形式，涉及农业生产的方方面面。尽管各个人民公社下设水利办公室，负责所辖区域的农田水利，但是因流域跨度广，需要统筹和协调。皂河灌区则承担这一重要职能，以缓和不同行政区域中农田水利建设的冲突和矛盾。对于皂河灌区的考察，需要回溯灌区所在地理范围内的水利建设历史，进而才能充分地了解皂河灌区的建设背景。由此，通过对皂河灌区的建立历史的梳理，更好地理解新中国建设初期的社会面貌。

第一节　皂河灌区"史前史"

唐代以前，苏北地区❶水道密布，主河道兼具通航和灌溉功能，维系着良性的生态循环。宋代以后，特别是明清以来，由于人为的破坏，淮北自然生态遭到严重破坏。尽管有着极为丰富的水资源和广袤的平原，却无法提供水稻生长所需的基本条件，致使水稻种植区南移。在水患防治过程中，国家通常采取的是地区性利益权衡策略。比如，在黄河南北两岸，南部地区常被牺牲，而在黄河南部，淮北地区又是常被牺牲地区。因此，根据相关史料记载，明代以后的治河方略，就是使徐（徐州府）、淮（淮安府）、海（海州）、凤（凤阳府）、颍（颍州府）、泗（泗州）等地区面临无

---

❶ "苏北"并非指江苏北部所有市县。在不同的历史时期，"苏北"一词所涵盖的区域范围有所不同。"苏北"作为一个行政区名称首次出现于民国时期，当时成立了苏北行政委员会。1949 年，苏北人民行政公署成立，驻泰州市，下辖泰州、扬州、盐城、淮阴、南通 5 个行政分区。1952 年 11 月，苏北行政区、苏南行政区与南京市合并建立江苏省，自此"苏北"不再作为一个行政区名称。改革开放以来，"苏北"在官方使用中更多以经济发展区而不是行政区为依托。在本书中，"苏北"包括徐州、连云港、宿迁、淮安、盐城 5 个省辖市。

休止的水没之患。❶

一、新中国成立前的水患治理

历史上，宿豫地区水患频发。皂河灌区由于地势北高南低，西高东低，土质为砂土、砂壤土，透水性强，因此，历史上洪水灾害很严重。皂河灌区所处的沂沭泗流域包括山东省南部、江苏省废黄河以北和河南、安徽两省的一部分。流域面积近 8 万平方公里，其中江苏境内为 2.58 万平方公里。古代沂、沭、泗诸水，都是淮河的支流。沂沭泗水系自元至正二十八年（1368 年）到民国 1948 年的 580 年间，发生大水灾 340 次。❷ 1931 年，长江、淮河大水，许多堤岸闸坝被冲毁，沂河、沭河在临沂和大官庄以上支流众多，源短流急，洪水集中，造成下游地区经常泛滥成灾。

12 世纪以前，泗水作为淮河的最大支流，是宿迁地区过境的主要河道。泗水源于山东泗水县东蒙山南麓，至宿迁城南会灊水，东南流至淮阴北部入淮河。宋光宗绍熙五年（1194 年），河南阳武陵段黄河决口，至徐州侵入泗水，至淮阴夺淮入海。❸ 黄河大量泥沙逐渐淤积泗水河道，形成地上悬河，堵塞了沂水入泗的通道，沂水被迫转入骆马湖。而骆马湖早先并无固定的排洪河道，直至清代康熙年间，开挖总六塘河和中运河，借以排泄沂、泗和骆马湖洪水。由于上游地区洪水势猛量大，下游出路宣泄不畅，以致经常酿成"水势横溃，河湖无涯"的局面。清道光元年（1821年）至新中国成立前，宿迁境内发生较大洪灾 32 次，平均每 4 年 1 次。受灾范围包括骆马湖、黄墩湖以及六塘河、砂礓河沿岸，宿迁境内万亩农田，粮食无收，村舍冲毁，灾民生活极端困难❹。康熙乾隆时期，百姓为了祈求神灵护佑，消除水患，特别建了龙王庙以祈求风调雨顺。❺

---

❶ 马俊亚. 被牺牲的"局部"：淮北社会生态变迁研究（1680—1949）[M]. 北京：北京大学出版社，2011：115.

❷ 江苏省地方志编纂委员会. 江苏省水利志 [M]. 南京：江苏古籍出版社，2001：84.

❸ 杨勇. 沂沭泗水系演变及洪水治理 [J]. 水利规划与设计，2005（2）：64-67.

❹ 宿迁市宿豫区水利志编纂委员会. 宿迁市宿豫区水利志 [M]. 北京：中国文史出版社，2013：265.

❺ 同❶。

皂河灌区的水害主要包括水灾、涝灾和旱灾。首先介绍一下历史上的水灾。依据《宿迁市宿豫区水利志》的史料整理，从明代永乐年间到民国时期，淮河流域历经洪灾 35 次（表 2 - 1），其中明清时期洪灾受损情况描述缺乏数据支撑，遂以程度用词界定，如大水灾、黄河漫溢、冲毁房屋无数等；民国时期洪灾受损情况记录内容覆盖较广，比如粮食受损种类，包括芝麻、绿豆等，数量记载则无具体数目，仅以对比数目呈现，比如减七八成。通过上述的文字表述，无论对明清抑或民国时期洪灾受损情况，难以有清晰的把握。但是新中国成立后，从房屋、粮食、牲畜受损数据来看，可以清晰地掌握洪灾规模，如 1949 年、1957 年、1963 年、1974 年 4 次大洪水和 1993 年、2003 年 2 次小洪水。

表 2 - 1 宿迁市宿豫区所辖水域建国前洪灾情况（1412—1948 年）

年份	灾 情 说 明
1412	邳州、宿迁一带水灾
1522	夏，宿迁大水灾
1552	夏，宿迁大水灾
1571	黄河在宿迁县小河口决口，沉没漕运船只 800 余艘，淹死漕卒千余人，损失大米 20 万余石。次年，黄河暴涨，邳州、宿迁县一带受灾尤甚
1576	黄河水患威胁宿迁县城
1592	黄河决口，邳州、宿迁县一带受灾尤甚。次年又发大水，宿迁县淹死人、畜无数
1626	黄河在匙头湾决口，灌入骆马湖，淹没农田，死伤人、畜无数
1631	夏历四月，大雨、降雹，摧毁城墙多处。次年八月，骆马湖漫溢，阻碍水路运输
1659	宿迁大水，大饥
1682	夏历六月，黄河在境南徐家洼、萧家渡口漫溢，河水倒灌宿迁县城东侧待丘湖，湖面尽淤
1695	中运河在境内车路口漫溢，次年，大霾雨，庄稼、人、畜漂没无数

续表

年份	灾 情 说 明
1696	夏历五月二十五日起霪雨，平地水深数尺，阻绝行人。水逼县衙。皂河、窑湾堤上难民搭棚避雨。至七月三十夜风雨特甚。雨后田内积尸无数
1730	黄河漫溢，中运河、六塘河、沭河皆涨，不辨涯岸
1771	黄河宿迁段大堤漫溢
1821	宿迁县大雨，黄河漫溢，饥荒
1832	秋大水，冬大饥，人相食
1844	秋，中运河在宿迁县境内张家窑决口，县城东大街南段淹没水中。其次，又发大水，宿迁境河湖漫溢成为一片，冲毁民房无数
1852	宿迁大水，房屋、人、畜漂没无数
1890	中运河宿迁段决口，洪水自黑鱼汪逆流入宿迁县城圩内、老猪市等处民房俱被淹没
1898	春，大疫；夏，大水，湖河为一。大饥荒，人相食
1902	夏，宿迁县降大雨、冰雹、平地盈尺
1906	连绵霪雨，沭、运、六塘河并决，大饥荒
1910	夏，霪雨，中运河、六塘河并决，大饥荒，除夕夜大雷雨
1911	夏秋大水，中运河车头堤决，骆马湖、黄墩湖俱淹
1912	7月25日大雨水，8月9—11日连三日大雨，黄西地区高地收七成，低洼地只收四成，黄东沙岗区地带灾稍轻
1914	是年9月8日，运河、沂河同时暴涨，黄东大洪水，9月9—11日，运河两岸溃决四草坝、化家庄、张李窑、何家庄防风堤等处。运东六塘河南堤决口四处，涧河南北亦决口四处，六塘河北岸溃决十二道，湖河并溢，为百年来未有之巨灾
1921	6月13日，麦场未清，即大雨水，28日又大雨水，7月大雨水三场，尤以17—19三日，水为最大；8月又大雨水两场，淹没大雨水两场，淹没中晚秋庄稼，黄西全地区，芝麻、绿豆无收，玉米、黄豆、白芋等半收

续表

年份	灾 情 说 明
1926	夏季运河决口，骆马湖地区秋稼，全被淹没
1930	6月1日、6月9日、6月19日三场大雨水；6月28日和7月3日两场大雨水，黄西全部秋收，高地减半，低地减收六七成
1931	7月1日至8月29日期间常下大雨，灾情自黄河向西南逐步加重，西南地区秋收减七八成；近黄河地区，减二三成。同年洪水灾，夏季末运河车头决口，水灌骆马湖，秋禾全数被淹无收
1934	马湖，越马陵山脊再入运河六塘河。运河四草坝决口，因晚秋亦将收毕，故淹没庄稼甚少，唯水经冬不落，存水处三麦，未得下种。次春补种，收成亦减，此次水来较慢，人得趋避，故水虽大，而人之临时损失则甚小
1935	运河大水，长河涯渡船失事，淹死40余人
1937	8月20日，洋河北至刘桥一带大风雨，三小时，平地水深一尺，淹没庄稼，大风揭屋拔树，为30年来仅见之灾害
1945	6月7日连续两场大雨水，庄稼被淹，7月11日大风，玉米、高粱多数倒伏，中秋、晚秋皆减收
1947	7—8月，连降大雨，中运河东部地区一片汪洋，32万亩农田受灾无收，27万亩抛荒

注 根据《宿迁市宿豫区水利志》（第111～112页）资料整理。

新中国成立之后，在党的领导下，我国进行了大江大河治理，取得了显著成效。但是，由于皂河灌区所在的地理位置比较特殊，该地区受水灾和洪灾影响依旧严重，给当地农民的生命和财产带来了重大损失（图2-1）。

其次，对皂河灌区的涝灾进行梳理。涝灾是长期阴雨或暴雨后，在地势低洼、地形闭塞的地区，由于地表积水，地面径流不能及时排除，农田积水超过作物耐淹能力，造成农业减产的灾害。宿迁境内雨涝分春涝、初夏涝、夏涝和秋涝四种类型，其中夏涝、秋涝出现概率最高，危害也最大。夏涝时段在6月下旬至9月上旬，秋涝时段在9月中旬至11月下旬。秋涝对农作物收、种、晒以及田间管理有不同程度的不利影响。新中国成立后，

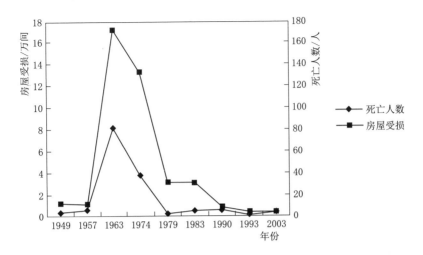

图 2-1 皂河灌区受灾情况统计（1949—2003 年）

根据《宿迁市宿豫区水利志》（第 128～140 页）资料整理。

宿豫县境内多次发生过较大涝灾，对农民造成了很大的经济损失。

　　最后是水害中的旱灾。历史上，如果骆马湖、洪泽湖两湖同时枯竭，会严重影响水稻夏插用水和栽后补活，从而造成旱灾。干旱对人类社会经济活动的方方面面都产生或多或少的影响，比如，农作物因缺水生长不良而减产，加剧生态环境的恶化，甚至人畜渴死等。宿迁境内出现的干旱可分为春旱、初夏旱、夏旱、秋旱和冬旱五种类型，其中以春旱、秋旱危害最大，出现的概率也最高。春旱时段在 3 月上旬至 5 月中旬，秋旱时段在 9 月中旬至 11 月下旬。春旱影响春播及三麦、油菜的正常生长发育。秋旱不利于麦子出苗、全苗，同时影响旱谷秋熟作物的正常生长。新中国成立后，宿豫区境内多次发生过较大旱灾（图 2-2）。

　　宿迁地区的劳动人民为了应对水患，维系生存，兴建了很多防洪抗灾的水利工程。淮河流域的重要防御工程始建于东汉的洪泽湖大堤。此外，修缮次数较多的苏北海堤是国家对苏北地区水患治理的重要成果，其始建于南北朝，隋代续筑海堤，唐代筑李堤，北宋兴建著名的范公堤。民国时期，由于战事频繁，没有设置常规的系统的防汛机构，或由临时性的工程修建机构代理防汛事务，或由地方政府及社会名流出面处理某一次具体水患事故。民国初年，依靠地租维持生计的河务人员，一度负责中运河修防。

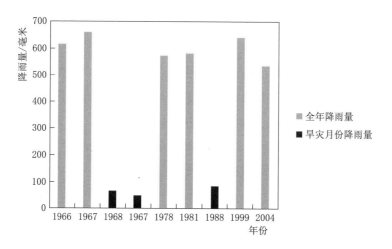

图 2-2 宿迁市宿豫区所辖水域建国后旱灾年份降水量（1949—2004 年）

根据《宿迁市宿豫区水利志》（第 120～128 页）资料整理。

社会名流黄以霖、蔡少涵曾倡导并捐募修补总六塘河及中运河险段，并于
1924—1925 年间，督办江苏运河工程局，主持疏浚境内中运河。其下属淮
邳段工务所后驻宿迁县，兼管防守事务。纵观民国时期，境内骆马湖、总
六塘河及中运河没有根本整治，修防亦不得力，洪涝灾害严重。❶

在苏北水患治理过程中，地方主义通常的表现是绅士阶层为本地争取
更多的利益，而把灾祸推给其他地区。地方主义的载体是具有领袖作用的
绅士阶层，淮北地区几乎没有自为的绅士阶层，因此，在中央政府主导的
治水机制中，像苏北这样贫穷的地区，往往更容易被选为行洪区，成为国
家在平衡各利益时的牺牲品。在苏北地区水患灾害中，人为因素不能忽视。
徐州、海州地区原为淮、泗、沂、沭交汇之地，但河道通畅，水流井然有
序，"亘古不闻有水患"。后由于黄河、大运河、淮河三条大河在此相交，
中央政府每年都要大兴河工进行"治理"，造成了这里的水文环境严重
恶化。❷

---

❶ 佩兹. 工程国家：民国时期（1927—1937）的淮河治理及国家建设 [M]. 姜智芹，译. 南京：
江苏人民出版社，2011：82.

❷ 马俊亚. 治水政治与淮河下游地区的社会冲突（1579—1949）[J]. 淮阴师范学院学报（哲学
社会科学版），2011，33（5）：612-621，699-700.

除了国家宏观治水方略的偏误和不作为外，河务中的各类役吏也是水害的成因之一。人类所兴修的水利工程，在为淮北地区提供便利的同时，往往也潜伏着许多害处。在历史上，水利设施对淮北的影响至深。即使在魏晋时代，单纯为农业生产服务的水利工程也并不能永恒地为利。它们的正、负作用随着人地比重的变化而改变。在人均占地极多之时，水利工程巨大的正面作用得以凸显，到了人均占地变少的时代，其负面作用就会彰显出来。水利工程也绝不可能使所有地区都获利，往往一个地区享受水利之时，另一个地区却正在承受水害。康熙年间，靳辅任总河时，修治黄河的负担分摊到江苏、安徽两省，但这些工程极其浩大，对当地政府来说负担非常沉重。❶

综上所述，皂河境内的洪涝、旱灾害频发，还会引发一系列的次生灾害，比如台风，便是由狂风、暴雨、洪水引起的。同时还会造成翻船、冲毁堤坝、房屋倒塌、农作物受损、人畜死亡等一些恶性循环。因此，皂河灌区无论从其地理位置还是其气候条件来看，都属于水旱灾害比较频繁的地带。宿迁历史上的水患灾害对当地人民的生活造成了巨大的影响。

二、新中国成立后的皂河水利建设

从前对宿迁地区水害情况和水害治理的梳理可以看出，苏北地区在20世纪50年代之前，也就是新中国成立之前，在农田水利的投入上，国家的力量是非常有限的，加上地方保护主义的横行，农田水利设施的建设和投入需要靠农民和乡绅的自治组织得以实现。

新中国成立之后，国家在关注大江大河治理的同时，也投入了相当多的人力和财力到农田水利建设中来，江苏开始兴建大量防洪工程。1949年，沂沭泗流域实施"先沂沭而后汶运，沂沭分治"的方针。山东开始"导沭整沂"工程后，江苏随后加入。沂河首先被治理，当年11月开辟新沂河，专道入海。与此同时，政府修整洪泽湖大堤、运河堤和江海提防。1950年，在江苏省人民政府指导下，苏北民众开展大规模的治淮工程，先后建设苏北灌溉总渠、三河闸、高亮涧进水闸、分淮入沂工

---

❶ 佩兹. 工程国家：民国时期（1927—1937）的淮河治理及国家建设 [M]. 姜智芹，译. 南京：江苏人民出版社，2011：84.

程，整治了入江河道，全面整修了洪泽湖大堤。在沂沭泗流域治理中，政府为了增强新沂河、新沭河行洪能力，扩建中运河，兴建骆马湖和石梁河水库。

1949 年冬至 1950 年春，政府建设导沂第一期工程分冬春两次施工，采取以工代赈、治水结合救灾的方式。主要项目有：嶂山至海口段的沂河筑堤工程、嶂山切岭工程、骆马湖筑堤工程、修建皂河束水坝工程和中运河刘老涧土坝工程。皂河束水坝是导沂第一期工程的重点项目之一，也是关键性工程，其作用是抬高中运河水位，将沂、泗洪水拦入骆马湖，经嶂山切岭循新沂河入海，同时还能控制中运河下泄流量，保证中运河、六塘河堤防安全，以免再泛滥成灾。坝址选择在皂河镇南约 1.5 公里处的运河上，华东水利部副部长钱正英经过实地勘察后指出，皂河束水坝应当采取土法上马，做柴土束水坝，1950 年 5 月，皂河束水坝开工。❶

1950 年春，以中运河左堤为基础，开始修筑骆马湖南堤。由 18.4 公里长的骆马湖南堤和皂河节制闸、皂河小船闸、杨河滩闸构成骆马湖一线防洪屏障（即皂河控制线）。1951 年 10 月，皂河节制闸和皂河船闸先后开工，并于次年 6 月先后建成放水。皂河节制闸是骆马湖水库控制工程之一。而早期的皂河束水坝这时候已经不再发挥作用，在这两座节制闸建成之前便已拆除。

政府除了对旧有塘坝进行改造外，小型水库亦于 20 世纪 50 年代初开始兴建。1955 年，为了削减洪峰，实现蓄水灌溉功能，沭河上中游开始建设水库。1958 年，江苏全省掀起修建水库的高潮，大、中、小水库施工的同时，灌区建设亦开始进行，水库、灌区开始发挥灌溉效益。在管理上，实行行政首长负责制与分级目标责任制相结合、工程措施与非工程措施相结合、专防与群防相结合、各司其职与部门协调相结合，以保证当地经济发展、社会稳定，基本形成具有地方特色的防洪抗旱模式，保证农民的生产和生活不因水患灾害受到严重影响。

综上所述，政府的投入和支持在当时的水利建设和发展中起到了至关重要的作用。正如马克思在《资本论》中指出的："社会地控制自然力以便

---

❶ 宿迁市宿豫区水利志编纂委员会. 宿迁市宿豫区水利志［M］. 北京：中国文史出版社，2013：230.

经济地加以利用，用人力兴建大规模的工程以便占有或驯服自然力，这种必要性在产业史上起着最有决定性的作用。"❶

第二节　皂河灌区建设的驱动力

灌区是一个综合体，由渠道、田地、水库、作物组成，包括可持续的水源、引水、输水、配水渠道系统和相应排水沟道。灌区是由自然环境和人为种植的作物构成的具有极强社会属性的开放式生态系统，其中自然环境包括光、土壤、热等资源。❷ 灌区的修建对于用水科学化，提高农业综合生产能力，保障粮食安全具有积极的意义。魏特夫有过生动的比喻，他认为灌溉"在中国任何地方都是精耕细作农业不可或缺的条件，在此基础之上，中国农业社会得以构建，就像现代资本主义的工业社会构建于煤铁基础之上一样"。我国灌区大多兴建于 20 世纪 50—70 年代，本书个案研究的皂河灌区也成立于 20 世纪 70 年代，属于中型灌区，灌区管理所由县水利行政部门进行管理。皂河灌区的成立既是国家政策的产物，也是为了满足农业生产的客观需求。

一、外部激励：全国水利建设运动

新中国成立后至 20 世纪 50 年代末，灌溉管理主要围绕建设灌溉排水骨干工程展开，对田间灌溉排水工程重视不够。农业基层组织承担农业水利工程的管理工作，形成了以乡（公社）和村（队）为基本单位的农田水利组织体系。这一时期，我国还未形成完善的水利行政管理组织体系。

1949 年，国家在农业部内设农田水利局，负责全国农田水利工作。为了更好地开展和管理水利工作，同年成立水利部。❸ 水利部的主要职能是统一全国的水资源开发和管理、防洪防汛等工作。1952 年，国家实施了部

---

❶ 马克思. 资本论 ［M］. 中共中央马恩列斯著作编译局，编译. 北京：人民出版社，2004：100.

❷ 雷声隆. 第一讲 中国灌区发展的困难与机遇 ［J］. 中国农村水利水电，1999（4）：45－47.

❸ 水利部成立于 1949 年 10 月。1958 年 2 月 11 日，第一届全国人大第五次会议决定撤销电力工业部和水利工业部，设水利电力部。1979 年 2 月 23 日，第五届全国人大第六次会议决定撤销水利电力部，分别设水利部和电力工业部。1982 年机构改革，将水利部和电力工业部合并设水利电力部。1988年 4 月，七届人大一次会议上通过国务院机构改革方案，确定成立水利部。

制改革，农田水利业务从农业部划入水利部。

作为水行政主管部门，水利工程建设是其重要职能，主要包括两个方面：一方面是负责组织建造、维护治理大江大河的大规模工程；另一方面是负责只需少量劳动力投入的山塘等小型灌溉工程。其中，小型灌溉工程建设则事关农业发展。当各省（自治区、直辖市）组建水利厅（局）后，我国逐步形成了"专业管理与群众管理相结合"的灌溉管理体制，这一管理体制实现了水利行政部门和群众基层组织共同实现灌溉管理职能。

"专业管理与群众管理相结合"的灌溉管理体制，视灌溉工程的形式不同，其担负的职责有所区别。❶ 专业管理主要指由水行政主管部门形成的科层制的管理体系，如《灌区管理暂行办法》（1981 年颁布）第 7 条规定："国家管理的灌区，属哪一级行政管理单位，即由哪一级人民政府负责建立专管机构，根据灌区规模，分级设管理局、处或所。"专业管理机构主要负责支渠（含支渠）以上的水利工程和水资源使用的管理。而对于跨行政区划的灌区需要建立共同的上一级（县级、市级和省级）水利行政主管部门管理的管理机构，如省级水利行政主管部门管理的管理机构负责跨地区（市）的灌区、地区（市）级水利行政主管部门管理跨县的灌区。支渠以下的水利工程和水资源利用，由群众集体管理，如塘坝、小型水库和小型提水泵站及机电井等。根据《灌区管理暂行办法》（1981 年颁布）规定，支渠以下工程和用水由受益农户推选出来的支斗渠委员会或支斗渠长进行管理，支斗渠委员会或支斗渠长受灌区专管机构的领导和业务指导（图 2-3）。

"专业管理与群众管理相结合"的灌溉管理体制与当时国家经济体制息息相关。灌区采取了计划经济管理形式，尤其表现在单位的财政经费管理上，实行统收统支。❷ 此外，在政策和任务执行上，也经由科层制层层传达，下级机关作为上级机关的专业执行机关，负责具体落实。

在新中国成立后的水利灌溉管理体制中，基层灌溉管理肇始于 1958 年的人民公社。人民公社曾经在中国农村历史上扮演了重要角色，当时被看成是一种适合中国国情的制度模式。这种模式与梁漱溟先生 20 世纪二三十

❶ 李代鑫. 中国灌溉管理与用水户参与灌溉管理 [J]. 中国农村水利水电，2002（5）：1-3.

❷ 杜威漩. 交易费用视角下农田水利组织的效率与治理 [J]. 农业经济与管理，2014（1）：50-57.

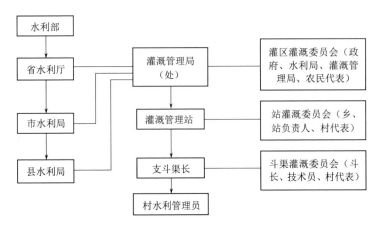

图 2-3 中国水利灌溉行政管理体制架构

年代开展的乡村建设运动不谋而合，其试图将农民重新组织起来，建立一个合作的村庄社会，希望通过乡村建设把这种合作推广到全国各地。人民公社正是对这种乌托邦理念的实践，其管理范围十分广泛，其内部机构包括农业办公室、副业办公室、水利办公室、水利农机管理站等。利用农业合作化的形态，发展农田水利，有助于解决水利建设的诸多困境，促使水利建设取得长足发展：一是农村合作社提高土地利用率，增加粮食产量，促进农村经济发展，为农村水利建设提供稳定的资金保障。❶ 二是形成良好的精神面貌和斗志昂扬的建设情绪。"人多力量大"，农村合作化使得集体主义观念深入人心，从而使越来越多的民众自主自愿地参与水利设施的建设，不怕苦，不怕累。❷ 三是公社对资源强有力的调配，解决了水利建设中的资源难题。公社兼具政治调动和经济管理的双重职能，全面掌握社会资源，包括人力、财力和物力。公社依靠行政权力，解决了水利大规模建设中的集体行动难题。❸ 我国大量的农田水利工程建设都是在这一时期完成的。

---

❶ 渠性英. 三晋水利建设"三步曲"：建国以来山西水利建设的实践与回顾 [J]. 党史文汇，2006 (7)：11-15.

❷ 程新友，王芳. 新农村建设视野下的农民合作 [J]. 中共成都市委党校学报，2010 (2)：69-72.

❸ 蒋俊杰. 集权化模式的兴起与瓦解：一项对我国农村灌溉基础设施供给模式的制度分析 [J]. 云南行政学院学报，2007 (6)：58-61.

为了利用农业合作化带来的红利，发展农田水利，中央通过系列的政策文件，为互助合作运动保驾护航，深入推进农村水利的大规模建设，具体表现为：制定向互助组倾斜的政策，包括贷款、农资、购销等方面；形成一套"支部领导互助合作"的组织网络结构。[1] 1953 年 12 月，中共中央在《关于发展农业生产合作社的决议》中划分合作社形式，分为初级合作社与高级合作社，两者无论在规模还是性质上皆迥异。高级合作社与后期人民公社制度没有多大差别。

从初级合作社、高级合作社到人民公社，经济制度形态皆是国家强力塑造的结果，经济发展形态与政治权力运作相互渗透和重叠。首先，农民合作化是个人生存和国家经济发展的交织产物。起初，受制于生产资料稀缺，农民为了求生存，通过个人意愿，将生产资源集中，形成经济上互惠互利的模式。后期，人民公社的"政社一体化"则将权力渗透进入经济运作，指导和分配农村生产资料。其次，农民合作化是顺应国家治理目标的现实选择。从新中国成立初年到人民公社运动，再至改革开放，国家权力对社会渗透由微弱到强势，再趋于缓和。

公社不同于国家权力机关，其拥有独特的、高度制度化的运作模式。每一个公社制度的"零部件"，支撑了整个公社制度的有机运转。拆散任何一个部件观察公社制度，都是一叶障目，不见泰山。相反，应从整体观的视角，对公社制度予以分析。[2] 公社的运作并非基于个人表现，而是以团体行动为基础。在人民公社中，家庭和生产队是两个重要的"初级行动体"，大队和公社可以被认为是"次级行动体"。

公社是当时中国农村最重要的制度模式和最基本的农民组织方式，其兼管经济、政治、文化、水利等各项事务，并在实践中形成了自己的运作模式，这些运作模式是高度制度化的结果。小农经济由于人民公社制度的合力，积极推动了农田水利的发展，进一步作用于新中国成立初期的农业社会。新中国成立后，政府通过推进农业集体化，从初级社到高级社的稳步发展，改造了农户为单位的分散小农。合作化社会运动更是进一步改变

---

[1]　陈益元. 解放初期国家权力与农村社会重构：以湖南省醴陵县互助运动为个案 [J]. 中国经济史研究，2008（1）：98 - 104.

[2]　张乐天. 论人民公社制度及其研究 [J]. 华东理工大学学报（社会科学版），1996（3）：23 - 30.

了小农经济特征，通过采用"政社合一"的模式，以生产大队为载体，将生产资源高度集中化，进而形成高度集权的组织管理体制。这种组织形态有力地推动了农田水利的建设。

在人民公社时期，水利建设在农业合作化的高潮中得到了快速发展。各级领导干部从顺利建设完工的各项水利工程中意识到，水利事业属于消耗人力的事业，需要众人协同。在农田水利基本建设中，群众具有不可磨灭的作用，他们不仅展现了潜在的推动力还促进了当时农村互助与合作运动的发展，产生了政治效应。然而，该时期农村水利灌溉基础设施建设是以集体利益为根本，农民个体利益服从于集体利益。在这种强制性的约束型供给制度下，农民缺乏主动参与的路径，农民个人偏好被忽视，可能会损害农民个体的利益❶。

二、内部诱因：灌区生产生活需求

皂河灌区地处江苏宿迁地区，经济上属于贫困落后地区，一方面基于其所处的地理位置和气候条件，另一方面基于农田水利灌溉工程建设和投入的缺失，使得当地农民用水困难，争水纠纷时常发生。在很大程度上，只有兴建农田灌溉工程，切实解决农民用水难问题，才能促进农民合理利用水资源，发展农业生产。具体来说，皂河灌区成立的内在诱因主要包括以下几个方面。

首先，争水冲突频发。农业的生产发展离不开水资源的有效供给，在用水过程中不可避免的会出现争水冲突，尤其是在皂河灌区这样一个水资源供给困难的地方。因为存在上下游地势的高低之分，农民用水有时间的先后，特别在集中灌溉的夏季，一些下游的农田无法得到灌溉，便会出现矛盾和纠纷。皂河灌区成立之初的名称为皂河电灌站。1958 年水利部设立灌排中心，负责灌区的建设和管理。根据规定，负责 10 万亩以上农田水利灌溉的电灌站成立灌区管理所，10 万亩以下农田水利灌溉，仅成立电灌站。那时候成立电灌站是行政命令，其主要职能是抽水和开闸放水，支渠以下全部由县里的农工部、水利局和乡镇共同管理，完完全全地按照计划

❶ 柴洪辉，晋洪涛. 乡村社区公共产品自主决策研究［J］. 华东经济管理，2009，23（6）：63 - 68.

供水。灌溉有时间限制，灌溉供水一旦结束，即使有农地没有灌到水，也要等到下次供水时候才能浇上。当时的渠道都是土渠，流水慢，损耗比较多。在计划经济时代下，个人利益统一于集体利益之中，这种农业灌溉政策不存在涉及个人利益的用水矛盾。但是因为灌区所辖的地域广泛，不同行政区域、不同人民公社之间仍因水资源有限，导致农业灌溉矛盾。彼时，用水矛盾的解决主要依赖于对灌区工程的改造以及灌区提水灌溉能力的不断增强，进而缓解不同区域间的用水矛盾。

其次，水资源滥用严重。灌区的功能主要是为了灌溉和排涝，为了使上下游的农户都能够及时地得到灌溉，必须加强水资源的合理利用。皂河电灌站工作人员比较少，只管理到干渠和支渠，下面的斗渠、农渠、毛渠归公社和小组来管，按照上级的行政命令放水。放水的工作由放水员负责，放水员由村安排，都是当地的农民承担这个职责。根据各个村小组的灌溉面积，每小组可以安排1~2个放水员。放水员的主要工作是在稻田里筑坝、堵漏洞，同时保持稻田水位的平衡。一些毛渠、农渠里长满了杂草，还需要放水员用镰刀将其割掉，以确保水流能够顺利地灌溉到农民的田间地头。等到水灌完，放水员再将水闸关闭。放水员的工作减少了灌溉用水的漫灌和浪费，促进了水资源的合理利用。但是当时农民吃大锅饭，为公社耕种，对水资源节约没有任何概念，大水漫灌的现象时有发生，水资源滥用严重。

最后，土地质量不佳，农民粮食产量有限。宿迁所处的地区水旱灾害严重，加之黄河数次改道，造成宿迁地区的土壤盐碱化现象特别严重。因此，宿迁境内农田水利建设是以"旱改水"为龙头、以灌排区建设为载体而全面推开的。宿迁盐碱土地面积较大，盐碱地种植作物立苗难、农作物产量低、收成少。20世纪50年代初期，治碱曾采用堆碱、窑碱、漫淤等措施，但都不能根治盐碱。1964年后，双庄、耿车、蔡集等公社采用"沟洫台田"并结合种植田菁改碱来改良盐碱地，效果较好。1965年，运西地区0.33万公顷重碱地改良初见成效，种植高粱、棉花等立苗率达70%以上，但因农田水利建设未配套，仍未能根治碱害。

新中国成立之前，皂河灌区一直是水灾比较突出的地方。灌区的盐碱地是由于原来的河水没有清理，沙土带来的。长期排水不畅，导致土壤里含盐含碱高。由于该地区地势比较低洼，又处在下游，春季缺水。汛期过去之后，种小麦时可能会遇到干旱。长期没有水导致没有粮食吃，也没有收入，因此人们想方设法进行改变。为了改善农业生产的条件，于是决定实行旱改水。1958年之后修了站，水通过运河入海。其中，洋河站通过大运河汇入洪泽湖。目前，骆马湖的泄洪主要依靠三个站：宿迁站、洋河站和皂河站，它们通过运河到洪泽湖，还有一个是通过运河排水到海里去。尽管1958年开始修了一些水闸，但是解决不了这些问题，那时候修的水闸水量少，适应不了旱改水。江南地区河流众多，水资源丰富，因此广泛种植水稻。而我们苏北地区干旱，盐碱地多，没有粮食吃，就是因为没有水。不搞水，就没有农业，所以为了改变农业生产条件，实行旱改水，改种水稻。(2010年12月，皂河灌区王书记访谈)

1955年，宿迁县农业部门在宿城镇项里农业生产合作社试种水稻0.28公顷，长势很好，随后在多个乡试种水稻，均获得成功。在水稻茬田种麦，麦苗出得齐全，证明改种水稻不但耐水，而且治碱效果好。

最初，我们的农作物是一年一熟，土壤里缺乏机质。由于没有庄稼，就缺乏根和叶，就不能腐烂后当作有机肥料。那时候用化肥很少，所以通过"改水"，水把盐碱压到地下去了，等到下雨排水的时候，盐碱就稀释并排出去。"改水"以后，实现了农作物一年两熟，土壤由以前的很板结到现在的很松软。(2010年12月，皂河灌区王书记访谈)

"旱改水"的实践证明，水稻不但产量比旱作物高，而且每遇大雨，其增加的滞蓄能力能够延缓汇流时间，提高农田的抗洪能力。同时，碱随水走，又达到治碱的效果。于是1956年7月，水利部提出淮北地区要走出"涝改制"，发展水稻种植的路子。1957年，宿迁县委成立"旱改水"办公室，加强对"旱改水"工作的领导。由于土壤瘠薄、肥力不足，"旱改水"的前几年水稻产量仍然很低。1960—1965年，粮食亩产一般50～100公斤，有的地区甚至不足50公斤，因此干部群众积极性不是很高，加之技术和物质条件跟不上，农民不适应水田操作等，以至于出现了农田大面积"回旱"现象。为了解决土壤肥力问题，政府进行了一系列稻田培肥改土的努力，并取得了成功，使"旱改水"工作得以稳定与发展。1970年，"旱改水"扩大到运西地区，全县水稻面积2.86万公顷，1976年发展到5.72

万公顷，占耕地总面积的 71.59%。随后水稻面积逐年稳定，一般在 4.66
万～5.0 万公顷之间。❶ 旱田改水田这一耕作制度的变革，使宿迁农业生产
发生历史性的变化。

　　良好的水利设施是农业生产最重要的保障。灌溉是生存发展的基本条
件，不仅改善了农民的生计条件，同时也促进了当地文明的发展。❷ 随着
农民对粮食产量需求的增长，对更为高效的农业水利灌溉系统的需求也显
得尤为迫切，这推动了皂河灌区的建设。因此，只有大力发展农田水利工
程，才能实现粮食增产增量，保障人民基本生活。

第三节　皂河灌区建设肇端

　　1958 年冬，宿迁县在全县范围掀起了冬季水利建设的高潮，全民投入
到水利建设中去，同时通过兴办水利专科学校，培养了大批水利专业人员，
为皂河电灌站的建设提供了充分的人力和技术支持。1970 年，皂河电灌站
基本建成后，为了有效缓解宿迁地区土地盐碱化严重的问题，全县推广
"旱改水"工程，这使得灌溉水源的需求达到了一个新高度，从而引发了宿
迁新一轮农田水利的高潮。

一、资料的原始积累：水利工程建设

　　新中国成立之后，在中国共产党和人民政府的领导下，宿迁人民发扬
艰苦奋斗、顽强拼搏的精神，大搞水利建设，取得辉煌成就，变水害为水
利，水利工程为社会发展和地方建设发挥着"命脉"作用。

　　1958 年冬，宿迁县委发布了关于迅速建设冬季水利建设动员的号令，
号召全县人民苦干 100 天，完成土方 3600 万立方米，并掀起以"河网化"
为中心的生产竞赛高潮。在"大跃进"时期，为适应水利工作"大跃进"
的需要，还兴办了水利专科学校，采取半工半读、理论与实际相结合的办
学方法培训水利人员。这些人才后来经过长期的实践后，多数成为宿迁水

---

　　❶　宿迁市宿豫区水利志编纂委员会. 宿迁市宿豫区水利志 [M]. 北京：中国文史出版社，2013：
124.

　　❷　马扎亚尔. 中国农村经济研究 [M]. 陈代青，澎桂秋，译. 上海：神州国光社，1930：53.

利建设的主力军。"大跃进"以来，宿迁县大搞水利，坚持"山芋挂帅、扩大水稻种植面积"的方针，使粮食获得增产，1960 年全县粮食产出 2000 万公斤，为国家做出了贡献。1966 年，"文化大革命"开始，时任宿迁县水利局局长刘智君带领本县民工 200 余人，在泗阳县扒淮沭新河，当年 5 月就建成了刘口排灌站，这是宿迁第一座电力排灌站，为黄墩公社北部和西部的农田排涝和灌溉服务。同年 9 月，为了应对 7 月以来久旱无雨的情况，宿迁成立打井灌溉指挥部，突击打井，取地下水抗旱保苗和解决部分人畜饮水困难。1968 年 9 月，经县革命委员会批准，国营拖拉机站下放，各公社分别成立农机站，并在来龙、大兴、埠子、皂河设立 4 个农机中心维修站，在井儿头设立宿迁抗旱排涝机动队，并将水利工作划归生产指挥组领导。

1969 年 10 月，皂河电灌站开工建设，皂河干支斗农渠及大中小沟土方、建筑物也全面开工。10 月末，江苏省革命委员会副主任彭冲视察皂河干渠，考察废黄河地涵建设工地和 35 千伏皂河变电所工地，这在当时给当地农民带来很大的鼓舞。1970 年 5 月 9 日，皂河电灌站工程基本竣工，建成投入运行，这标志着灌区的建设进入了一个新的时期。

同年，经宿迁县人民政府批准，皂河灌区管理所成立，同时接管农机部门管理的（黄墩湖地区因大型工程影响而兴建的）5 座国营排涝泵站（闫南站、闫北站、闫西站、金庄北站、金庄南站），各站原为机排站。该时期，宿迁形成了以"旱改水"为工作中心，引骆马湖水发展灌溉农业和大力建设灌排区的工作任务。骆马湖的蓄水能力的提升，为"旱改水"创造了先决条件。20 世纪 70 年代，宿迁全面贯彻执行 1970 年国务院召开的北方地区农业会议精神，以及江苏省制定的农田水利"6 条标准"（后改为8 条标准），❶ 持续开展灌排区建设。

为了适应水情、工情的变化，提高骆马湖防洪能力，1972 年 3 月宿迁

---

❶ 江苏省农田水利八条标准：①防洪：确保新中国成立以来最大洪水不出险、超标准洪水有对策。②排涝：日降雨 150~200 毫米不受涝，有条件的地方适当提高。③灌溉：有水源的地方，要做到 70~100 天无雨保灌溉；水源不足的地方要积极创造条件开辟水源，扩大灌溉面积。④防渍降渍：基本上控制地下水位在地面以下 1~1.5 米，盐碱土地区还要适当加深。⑤建筑物配套：主要配套建筑物力争配齐。⑥植物措施：基本实现农田林网化、沟、河、堤坡面植被化。⑦机电排灌设备：调整、配套、改造、更新，装置效率在现有基础上提高 10% 左右。⑧经营管理：在确保安全、充分发挥工程效益的前提下，水利管理单位和乡水利站积极开展综合经营，做到经费自给自足或有余。

县人民政府对 1951—1952 年兴建的皂河节制闸进行了加固扩建。这次加固扩建工程共投资 48 万元。皂河节制闸水力发电站也于 1971 年 12 月开工建设，并于两年后建成运行，它是皂河节制闸加固项目之一。1973 年 8 月，皂河一线船闸建成，其位置在闫集公社刘甸大队、皂河节制河西北约 500 米处。12 月，皂河节制闸加固，在其两端的空箱岸墙内增建水力发电站，安装 4 台 100 千瓦水轮发电机组，大大增加了皂河灌区的提水灌溉能力。1976 年 12 月，江苏省皂河抽水站工程开工，该站位于皂河镇以北袁甸村骆马湖边（1981 年停建，1983 年复建，1986 年 4 月建成交付使用，省骆运水利工程管理处负责运行管理）。至此，宿迁县依照"山、水、田综合治理，大、中、小相结合，沟、渠、路、林、桥、涵、闸统一规划，全面配套"的标准，把七分砂礓三分土的丘岗地、旱时白茫茫雨后水汪汪的盐碱地，建成岗坡梯田、平原条田、洼地圩田，实现"旱、涝、渍"兼治的目标，彻底改变了宿迁县农业生产条件。❶ 皂河灌区水利工程演变历程（1970—1976 年）见表 2 - 2。

表 2 - 2　　　　皂河灌区水利工程演变历程（1970—1976 年）

年份	新建工程	改造工程	机构变迁
1970	无	无	设立皂河灌区电灌站
1971	皂河节制闸水力发电站	无	无
1972	无	加固扩建皂河节制闸	无
1973	增建水力发电站	无	无
1976	江苏省皂河抽水站工程	无	无

注　根据《宿迁市宿豫区水利志》（第 130～132 页）资料整理。

二、管理体制的雏形：水利干部主导

在人民公社时期，皂河灌区与人民公社协同合作，通过水利干部主导和负责公社水利事业建设。在政社合一的模式下，皂河灌区所辖区域的每个公社都有1～3名水管员专门负责水利建设。在冬春农闲时，广大干部和群众协同开展水利建设，建成了覆盖全国，数以万计的塘坝、涵闸、旱井、水窖和沟渠等小型农田水利工程。其中，水管员发挥了相当重要的指导水利建设的作用。

水利干部与农民紧紧地捆绑在一起，大兴水利。这一时期，农民对于农田水利设施建设的积极性比较高。农户的积极性主要来自于工分的保障，在当时农田水利的投入中，其劳动工分的计算还是很高的，以当时的农民工分1～10来打分的话，水利工和河工的分数都是10分，因此在皂河灌区建设阶段，国家力量在灌区建设中起到了主导作用。灌区的建设规划主要是依赖政府的规划，集体的利益高于一切。

在当时集体经济的背景下，国家通过农村土地所有制，将农民与土地紧密捆绑在一起，调动农民力量开展灌区的水利工程建设。土地革命后，农村的土地属于集体所有，农民们集体耕作。农田水利建设包括河道疏浚、排灌渠道和机耕路建设、农田建造等项目，其中多涉及对土地的规划、开发和利用，需要由全体公社成员共同完成。公社的基本运作形态是根据项目规模的大小，分别由县、公社、大队或生产队进行规划与组织，最终将各项任务全部落实到生产小队。任务定额分配和完成的模式有助于提高工作的积极性。特别是在农田水利建设中，面过恶劣的天气状况和繁重的劳动，农民虽偶有怨言，但整体上仍保持高度的责任心。生产队的运作模式能在一定程度上保证群众的主动性和积极性，表现为各生产队除了完成上级布置的任务以外，还自愿安排了农田水利建设项目，后者的劳动投入量通常超过前者。因此，这一阶段，用工矛盾几乎不存在，全国也迎来了农田水利设施建设的高潮，为今后皂河灌区的灌溉管理打下了良好的基础。

但是在这一阶段，国家通过"民办公助"模式，为灌区的农村水利工程建设提供资金保障。这一模式下，产权是清晰的，水利设施归公社或生产队集体所有，实行集体管理，所有权与经营权的主体同一性，不存在冲突。❶尽管如此，仍需要警惕集体管理下资源利用效率问题。在公社时期，

---

❶ 冯广志. 小型农村水利改革思路［J］. 中国农村水利水电，2001（8）：1－5.

所有制模式是"一大二公"，大搞平均主义，水资源归集体所有，农业生产的产出也归集体所有。在集体所有的产权模式下，农民的行为不需受到效益最大化的驱动，即农民收入的多少与水资源利用率无直接关系。因此，农民所采取的生产模式是资源粗放型，其自身缺乏强烈的资源节约意识。

第四节 皂河灌区建设红利

皂河灌区的建设给灌区内的乡镇带来了巨大的改变，这种改变有外在的粮食种植品种的改变、农田水利工程的快速崛起，也有深层次的经济上的变革，以及农民生活水平的提高，收入的增加，用水习惯、人际关系的改变等。

一、硬件提升：水利工程设施升级

1958—1970年，皂河灌区经过10多年的建设，拥有泵站54座，装机容量7470千瓦；渠首电灌站19台，主干渠1条，长16.7公里；支渠12条，长77公里；斗渠11条，总长330公里；农渠400多条，总长约350公里❶。

皂河灌区建成后，大大改善了运东地区的灌溉条件。1961—1962年宿迁水利建设进入调整时期，将水利工作重点转到工程配套、调整工程布局与工程管理上来，进一步完善了各个水库枢纽工程的加固和渠系续建配套，重点改造了沿河地区的水利设施。1970年后，建成的皂河灌区、船行灌区，解决了运西地区2.67万公顷耕地的灌溉和排涝的问题。至此，宿迁2.67万公顷耕地初步达到了农田水利基本建设"三化"❷田的标准。灌区的建成改善了地域盐碱地的土壤条件，结束了该地区无法栽插水稻的历史，为种植水稻创造了地利条件。

二、环境改善：生活水平提高

随着皂河灌区建设的全面推进和稳步的进行，以及宿迁境内"旱改水"

---

❶ 楚永生. 用水户参与灌溉管理模式运行机制与绩效实证分析［J］. 中国人口·资源与环境，2008（2）：129—134.

❷ "三化"是指旱育秧田规范化，旱育秧苗模式化，本田管理指标计划化。

工程的全面推广，1971 年，宿迁县粮食总产突破 20 万吨，实现自给自足。1975 年宿迁跨入全国农业先进县行列，并作为全国农业先进县参加北京农业展览会，作为全国水利先进典型参加广州交易会，向世界宣传宿迁。是年，按照"挖中泓、筑圩提、建泵站"的原则，梯级开发治理废黄河滩地。1976 年，全县水稻面积达 5.72 万公顷，水旱之比扩大到 71：29，粮食总产达 33.7 万吨，是 1949 年粮食总产的 4.75 倍。

"旱改水"工程实现了耕作制度的大变革，使得宿迁农业生产发生第一次飞跃，农村面貌和人民生活水平都发生根本性的变化。昔日的"洪水走廊"变成"淮北江南"。从宿迁市 1970—1978 年主要粮食作物面积、产量的统计数据可以看出，灌区的成立至改革开放这 8 年间，主要粮食产量增长显著（表 2-3）。

三、观念形塑：用水秩序培育

观念的形塑是主观和客观要素共同作用的结果。一方面，要求个体在主观上能动性地、积极地去接受先进的观念；另一方面，需要客观因素的积极引导和介入，比如国家政策、规范的宣传和教化。人的规则体系有其独立的进化途径，与其说是人创造和决定法律规则，不如说什么样的法律规则形塑什么样的人。只有公正的法律规则，才能形塑出合乎道德与守法精神的人。

在皂河灌区建设的早期，按照"民办公助"的原则，国家对集体经济组织兴建的农村水利给予补助，建成的设施归公社或生产队集体所有。实行集体管理，所有权是清晰的，所有权与经营权没有矛盾。但片面追求所有制的"一大二公"，出现了"吃大锅饭，喝大锅水"，搞平均主义的弊端。同时，由于水资源归集体所有，农业生产的产出也归集体所有，农民的劳动所得只通过工分的多少来获得，与水资源的使用状况没有直接关系，所以农民节水意识不强，只求粮食收入的增长。

以前，大家对用水并没有节约的概念，因为用水不要钱。到了灌溉季节，公社自然会组织人来灌溉，灌溉仅仅是早晚的事情，有的公社早一些，有的公社晚一些，反正最后都会把地浇好，并且有专门的放水员来管理。由于当时"旱改水"，水稻要浇的水多，还要浇透，让土地盐碱化程度小些，

表 2－3　　宿迁市 1970—1978 年主要粮食作物面积、产量统计

年份	三麦			稻谷			玉米			甘薯			大豆		
	面积/万亩	总产/万公斤	单产/（公斤/亩）	面积/万亩	总产/万公斤	单产/（公斤/亩）	面积/万亩	总产/万公斤	单产/（公斤/亩）	面积/万亩	总产/万公斤	单产/（公斤/亩）	面积/万亩	总产/万公斤	单产/（公斤/亩）
1970	38	2685	70.66	43	8949.5	208.13	18	2288.5	127.14	21	3900	185.71	13	584	44.92
1971	36.82	2802	76.1	64.6	15167	234.79	10.4	998	95.96	17.3	2496.5	144.31	6.5	320	49.23
1972	35.72	3415.5	95.62	69.9	16894	241.7	7.9	1214	153.67	20.1	4126	205.27	7.1	476	67.04
1973	39.38	4100.1	104.52	68.8	20242	294.22	8	1538	192.25	20	5221	261.05	8.2	653	79.63
1974	41.34	5278.9	127.69	73.16	21033	287.5	7.29	1389	190.53	16.53	3301	199.7	7.56	470	62.17
1975	48.84	7389.6	151.3	82.3	21070	256.01	4.74	998.5	210.65	14.64	3725	254.44	5.32	334	62.78
1976	51.08	7445.9	145.77	85.84	21835	254.37	4.22	883	209.24	13.53	3145.5	232.48	4.38	397	90.64
1977	50.89	6418.2	126.12	80.25	18582	231.55	6.44	968.5	150.39	17.17	3384	197.09	6.67	505	75.71
1978	50.65	8402.9	165.9	62.69	18951	302.3	8.01	1219	152.18	19.45	4808.5	247.22	13.14	741	56.39

注　根据《宿迁市宿豫区水利志》第 128～138 页资料整理。

所以当时大家还是比较节约水的。（2011 年 1 月，皂河灌区七支渠小组村民访谈）

人民公社成立之前，农田水利建设高潮还没有到来，当时国家在水利建设中更加注重的是大江大河的治理，因此，农田水利建设的投入相对比较薄弱，农村水利工程严重缺失，导致在灌溉季节缺水现象严重。不同区域之间，尤其是上下游之间，因为灌溉用水时常会发生争执，比如上游会通过蓄水等形式供后续灌溉，导致下游区域农业灌溉不足。

在皂河灌区基本建设完工之后，灌区不同公社之间形成较为良好的协调机制。到灌溉用水季节，通过灌溉委员会❶讨论决定各公社灌溉的先后顺序，以及灌溉水量的多少，形成常态化的用水秩序。不同公社之间，因为用水争执，向上级部门"告状"的情形逐步减少。此外，所辖公社在对灌溉用水的数量有了预期后，就会要求农民在参与公社生产中节约用水，以防灌溉用水不足。由此，农民用水意识的提升主要来自于公社的教育和相应的强制力保障，并非源于农民基于自身利益考量而做出的主动选择。

第五节　本　章　小　结

新中国成立后，抵御水患和发展农业是民生之本。宿迁境内水灾频发，土壤贫瘠，粮食产量无法满足民众基本生存需求，农田水利百废待兴。在国家号召大兴农田水利的历史背景下，全民积极参与到水利事业建设中。

1958 年，为了响应水利部"旱改水"的水利发展目标，宿迁地区多举措、全方位地兴建和发展农田水利。经验少、任务重和时间紧是当地水利发展的"三座大山"。流域广和公社多则是农田水利发展的"两大掣肘"。得益于人民公社的生产竞赛，县委和县水利局义不容辞，扛起水利发展的重任，集中力量办大事，调动全县人力"突击"建设干渠、支渠、斗渠、农渠、毛渠等农田水利设施。县委和县水利局不仅利用专科学校培育水利建设人才，还定额、定量向灌区所辖公社下放农田水利建设指标，形成纵

---

❶　灌溉委员会是临时组织，由灌区的工作人员和灌区各公社的负责人共同组成，负责灌溉季节的灌溉用水的分配和调节。

向的农田水利建设体系。盘根交错的沟渠正是这一体系的丰硕果实，有效地缓解了农田灌溉的难题，促进粮食增产增量。这个时期，宿迁地区农田水利发展还处于"头疼医头，脚痛医脚"的阶段，缺乏现代化的科技手段，仅是对自然环境的因势利导。1967 年，刘口排灌站的成立是宿迁农田水利发展的里程碑。一方面，运用较为先进的科技，改变了传统农田水利灌溉的小农特质；另一方面，刘口排灌站的建立突破了公社的地理限制，为形成以灌区为核心的基层水利管理体制奠定基础。随着农田水利设施建设需求的增强，皂河灌区于 20 世纪 70 年代应运而生，统筹和协调区域内农田水利设施建设和管理。

皂河灌区的建成标志着灌区农田水利建设向专业化发展迈出了重要的一步。与县委动员水利建设不同，皂河灌区职能单一，任务明确，专职负责辖区内的农田水利建设。相较于人民公社参与农田水利建设，皂河灌区深耕农田水利的建设目标明确。

皂河灌区的组织管理体制与政治和经济的计划性高度一致，呈现全能型组织特征。灌区统筹多个行政区划内的农田水利建设和发展，不折不扣地执行国家政策，以兴修水利，服务农业生产为根本宗旨。为了确保农田水利建设的充足人力，灌区与人民公社通过摊派任务、计算工分等管理措施协力合作。其中，分时制和工分制成为协调公社事务性工作和灌区农田水利建设之间冲突的润滑剂。皂河灌区利用分时制，避开春种秋收的农忙时节，于秋冬抽调公社的人力，负责辖区内的农田水利建设。通过赋予参与农田水利建设的"河工"工分，实施男女同工分的激励机制，公社最大程度为灌区输送农田水利建设人力。虽然灌区能有效地统筹不同公社间的农田水利建设，但不享有对农业用水分配的绝对决策权。农业用水的分配由灌溉委员会确定，该委员会由皂河灌区和各人民公社的负责人组成。灌溉委员会是一个临时议事机构，综合考虑各公社用水需求量、劳动力付出等因素，计划性地分配农用灌溉用水。

这一时期，皂河灌区因应农田水利发展需求，集中力量办大事，调动农民集体劳动的积极性，为大力发展农业助力。为了实现这一组织目标，皂河灌区主要有两大特征：一是采取集中管理和建设农田水利设施的组织手段。农田水利建设从以人民公社为基础的碎片化建设，走向以专职、跨地域的乡村农田水利组织为核心的集中化管理和建设。二是在组织模式上，与人民公社的计划管理体制紧密相连。皂河灌区的建设离不开人民公社的人力支持，人民公社之间的水资源开发和利用矛盾也在灌区统筹规划下得以缓解。

第三章 放权和变革：
皂河灌区的成长期
（1978—1997 年）

1978年12月，中国共产党召开十一届三中全会，明确了家庭联产承包责任制。该制度的实施对乡村组织的运行和农田水利建设产生了重要的影响。尽管家庭联产承包责任制在本质上只是一种土地经营方式，即土地归集体所有，经营由农民责任承包，但与土地生产紧密联系的农田水利设施，则是生产性公共物品，需要农户共同开发和维护。伴随着土地制度改革，农村基层政权的组织形式也发生了改变，人民公社解体，资源计划分配的日子一去不复返。这一时期，皂河灌区开展农田水利市场化的改革，组织形态和运作模式也随之变化，以适应市场化下农田水利发展需求，皂河灌区在农田水利建设中取得了一定的成就，但也出现诸多问题。

第一节　皂河灌区变革的背景

随着改革开放政策的启动，国家进入了现代化建设的新时期。国家逐步加强对工业的扶持和投入，农业的重视程度相对降低。在此形势下，皂河灌区也面临着内外交困的局面，对外受到灌溉水源的变化的影响，对内则是受到民众节水观念、建设资金缺乏等因素的制约。20世纪70—90年代，农业收入是农民主要的生活来源，灌区能否及时提供农业灌溉用水，深刻地影响了农民的粮食产量、生产收入以及生活水平。在市场化改革的大背景下，灌区也面临着改革的迫切需要。

一、政府行为：灌溉水源的变化

自1983年起，随着江苏境内南水北调（江水北调）各梯级泵站相继建成，江苏省水利厅对淮北地区的灌溉水源进行大区域调整。骆马湖水西调，多数留给徐州地区使用，宿迁则改用多梯级翻江引水或淮河水为主。[1] 面对新形势和具体变化，皂河灌区掀起了以灌溉工程改造、改进灌水模式和

---

[1]　宿迁市宿豫区水利志编纂委员会. 宿迁市宿豫区水利志［M］. 北京：中国文史出版社，2013：126.

改造中低产田为重点的水利建设高潮。皂河灌区从软件和硬件上，对灌区进行升级改造。

硬件上的改造是针对灌溉工程展开的。灌区改造灌溉工程始于 1985 年，主要目标有三个：第一，对皂河灌区渠首电灌站进行扩建、改建或改造，对灌区的控灌范围进行适当调整；第二，对输水渠系进行疏浚和改造，对过水涵闸进行扩建和改造，目的是提高过水能力，适应续灌、轮灌的要求，相对满足夏栽期田间用水强度；第三，对灌区末梢、局部高地等灌溉难点兴建一批回归水站，提高水的重复利用系数，缓解渠首供水压力。1985 年起，宿迁县全面恢复和提高水利标准、连片改造中低产田。通过对宿迁县卓圩乡西大洼片水利现状典型调查分析，宿迁县委、县政府号召全县人民"下最大干劲，用 3 年时间把全县水利工程标准恢复到历史最好水平"，"三年恢复"阶段依靠劳动积累，坚持推磨转办法，实行连片治理，共挖土 4500 万立方米，疏浚沟渠 4791 条，新开沟 300 条，投资 550 万元，完成配套建筑物 2215 座，修建机电排灌站 44 座，总装机 3510 千瓦。❶ 宿迁境内水利工程指标逐步恢复，并在多方共同努力下，稳步发展和提高，形成以治水与改土，水产养殖、交通、植树造林有机结合的开发型水利建设特色。

软件上的改进是针对灌区灌水模式。1986 年开始，皂河灌区改进灌水模式，大面积推广以"宏观控制、科学管理、计量供水、按方收费"为基本框架的水稻节水灌溉技术，目的是为了改变以大水漫灌为特点的粗放型灌水模式。至 1990 年，累计推广水稻节水灌溉面积大约 7.93 万公顷，平均毛灌溉定额比"六五"（1981—1985 年）期间每亩下降 360 多立方米，达到每亩用水 1000 立方米以内的灌溉水平。亩均能耗下降 10 千瓦时，水稻单产超千斤（500 公斤），田间 1 立方米灌溉水的稻谷生产率由 0.6 公斤提高到 1.0 公斤。皂河灌区连同辐射区来龙大型自流灌区在内，五年内共节水 7.18 亿立方米，共节电 1 亿千瓦时，减轻国家和农民翻水负担 3000 万元，经济效益和社会效益都十分显著。❷

---

❶ 宿迁市宿豫区水利志编纂委员会. 宿迁市宿豫区水利志［M］. 北京：中国文史出版社，2013：110.

❷ 数据源于《皂河灌区建设四十年工作报告》（2010 年实地调查资料）。

因此，在政府的积极推进下，皂河灌区的节水灌溉示范工程不仅在江苏省内处于领先水平，而且也成为水利部的节水灌溉先进单位。皂河灌区加大水利设施的建设以及灌溉水源的变化，使得农民的灌溉用水得到了极大的改善，因而被水利部选定为样板工程。水利部希望通过皂河灌区这一典型样板工程作为水利系统的典范进行宣传，同时，皂河灌区也需要通过样板工程的确立获得更多的来自水利部的资金支持。

二、经济动因：建设资金的需求

十一届三中全会后，乡村治理结构发生颠覆性变化。在乡村基层治理中，国家权力出现了弱化现象，农民生产生活自由度显著增加，农田水利建设中农民的意志体现得更为明显。❶此外，税收仍旧是国家控制农村经济的一种手段。作为执行国家意志的中介，它影响着农民生产生活，尤其是"两工"以及"三提五统"❷，成为了农田水利投入中重要的人力和财力资源。

为了适应新形势，"两工"与"三提五统"制度的确立为灌区农田水利建设的发展提供了基础。"两工"为农田水利建设提供生产力的保障，其直接依据是1989年确立的劳动积累工和义务工制度；"三提五统"的税费设计则是为农田水利建设提供坚固的物质保障。尽管中央层级经费有限，但在上述保障制度下，基层组织的水利建设仍具有充足的劳动力和必要的建设资金。❸

基层农田水利事业的发展趋势是先降后升，20世纪80年代经历短暂的衰退期，20世纪90年代初期方才逐步恢复。❹ 阶段性发展的成果与乡村水利体制改革密切联系，其在实现农业用水基本供给基础上，也暴露出深

---

❶ 王德福. 国家与基层组织关系视角的乡村水利治理［J］. 重庆社会科学，2012（7）：26-32.

❷ "三提五统"在1958年6月3日颁布的《农业税条例》中首次提出。村提留是村级集体经济组织按规定从农民生产收入中提取的，用于村一级维持或扩大再生产、兴办公益事业和日常管理开支费用的总称。它包括公积金、公益金和管理费三项内容。五统是指乡统筹费，是指乡（镇）合作经济组织依法向所属单位（包括乡镇、村办企业、联户企业）和农户收取的，用于乡村两级办学（即农村教育事业费附加）、计划生育、优抚、民兵训练、修建乡村道路等民办公助事业的款项。

❸ 同❶.

❹ 徐海亮. 从黄河到珠江：水利与环境的历史回顾文选［M］. 北京：中国水利水电出版社，2007：11.

层次的问题。在税费改革前，农田水利建设资金主要来源于由乡村组织筹集的共同生产费，它是指在农业生产中需要共同开支的费用，如农田灌溉、病虫害防治等。共同生产费征收数额取决于生产需要，并没有一个法定化的标准数额，很难控制。共同生产费用途并非总是特定的，在乡村财政不足时，预提的共同生产费远超实际共同生产的支出，常用以填补村组开支不足。共同生产费可缓解农业灌溉难题，但对农民也造成沉重负担。[1] 共同生产费的征收和使用缺少农民监督，常出现支出不透明、用途不特定等问题。在灌区，乡镇人民政府以部分共同生产费用来弥补乡镇农业生产的不足。然而，这些共同生产费超过实际所需，从而增加了农民负担。在税费征收中，国家依旧是决策者，决定税费征收基准。在人民公社时期，农民通过被政府动员，主动奉献自己的劳动力为农业生产提供增值。但在家庭联产承包责任制下，农户是以缴纳税费，保障农田水利工程及相关的农村经济运作，这导致农民的负担进一步加重（图3-1）。

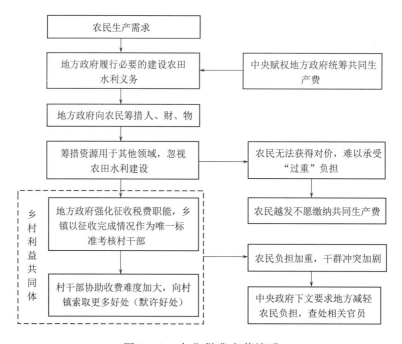

图 3-1　农业税费变革演进

❶　罗兴佐. 税费改革前后农田水利制度的比较与评述 [J]. 改革与战略，2007 (7)：93-95.

为了给农民减负，增加农田水利的投资，增强农民参与农田水利的积极性，国家层面不断推动政策改革。1988 年，水利部颁布《关于依靠群众合作兴修农村水利的意见》。该意见确立"谁受益、谁负担"和"谁建设、谁经营、谁受益"的小型农田水利基础设施治理原则，鼓励通过市场化方式建设、管理和经营小型农田水利基础设施。1996 年，国务院颁布《关于进一步加强农田水利基本建设的通知》，鼓励单位和个人采取独资、合资、股份合作等形式兴修农田水利工程。❶ 这些政策文件凸显农民参与的主体地位，乡村水利治理结构也伴随经济发展和政策推动不断变迁。

家庭联产承包责任制作为一种创设的生产制度，具有高度的分散特质，其与水利工程的公共性产生冲突。在国家资金投入有限的情况下，皂河灌区如何来解决现实的资金和劳动力问题，主要的对策表现为加快水利产权制度改革，同时加强灌区的市场化进程，并通过市场化经营来增加灌区的收入。

第二节　皂河灌区的市场化应对

在市场化变革的大背景之下，皂河灌区灌溉水源的变化和农民节水意识的提升共同促进了粮食产量的大幅增长，使得灌区在农业生产中的重要性得到了提升。但在市场化改革进程中，人力不足、资金短缺的矛盾也进一步凸显出来，使得灌区的发展受到了阻碍。因此，利用水利产权制度改革这个契机，在地方精英的带领下，通过灌区企业化发展的途径，让灌区进入了快速的成长期。

一、模式选择：资产物尽其用

人民公社退出历史舞台后，国家力量在农村实现的路径急待重构。农村改革因联产承包责任制的深入推行，使得农田水利工程建设和管理中一些结构性问题和矛盾显现，主要表现为农田水利建设资金有限，建设增速

---

❶ 顾斌杰，刘云波，陈华堂. 深化小型农田水利工程产权制度改革［J］. 水利发展研究，2014，14（11）：8-11，33.

趋缓，无法满足农村经济发展的需求；工程建设、管理和运营方面存在产权模糊等问题；工程年久失修，维护不当，效益降低。❶ 上述种种问题的制度缺陷在于单一化的小型水利工程建设和管理体制。十一届三中全会后，农村各地实行联产承包制。然而，联产承包责任制的分散特性（责任田）与农田水利的公共物品（"大锅水"）冲突明显。农民没有真正成为农田水利工程建设和管理的主体，直接影响到农业的可持续发展。倘若要改善上述状况，必须从体制和机制上寻求突破。当农民面对政府和市场时，他们需要被有序的组织，才能更好地实现职能。国家与农民的互动，需要基层组织作为中间桥梁。国家必须依靠行政手段推进工业化和城镇化发展，积极推动农村社会经济的发展，灌溉管理体制改革迫在眉睫。❷

我国传统灌溉管理体制改革始于 20 世纪 80 年代初期。政府主要在两方面进行了调整：一是小型灌溉工程的产权和管理权分离，管理权移交给灌溉管理单位。改革主要依靠中央政策推动，主要依据有《国家管理灌区经营管理体制改革意见》（原水利电力部 1985 年颁布）、《关于依靠群众合作兴修农村水利的意见》（水利部 1988 年颁布）、《关于大力开展农田水利基本建设的决定》（国务院 1989 年颁布）、《关于进一步加强农田水利基本建设的通知》（国务院 1996 年颁布）等。这一系列文件明确界定了灌区管理单位的事业单位性质，并需要转变管理体制，推行经济责任制。灌区管理的事业单位实行企业化改革，以承包、租赁和股份合作等多种经营方式，实现自主经营、独立核算，减少灌区工程管理成本，提高管理水平和用水效率，增强自主权。❸ 政府的工作重点聚焦于水费计收、灌溉效益、工程建设等方面，并对水管单位进行考核，考核依据为农田灌溉管理、水资源等指标、成本核算等。❹ 二是变革管理经费来源，其改革依据是 1985 年水利部颁布的《水费计收管理办法》，其中明确将国有灌溉工程管理经费由财政预算统一支付转移至用水户的水费负担。❺ 在改革开放前，灌溉工程的

---

❶ 张嘉涛. 对小型水利工程产权制度改革的反思 [J]. 中国水利，2012 (14)：35 – 38.

❷ 贺雪峰. 乡村研究的国情意识 [M]. 武汉：湖北人民出版社，2004. 55.

❸ 顾向一. 农民用水户协会的主体定位及运行机制研究 [M]. 南京：河海大学出版社，2011：86.

❹ 丁平. 我国农业灌溉用水管理体制研究 [D]. 武汉：华中农业大学，2006.

❺ 同❹。

管理经费主要由地方财政统收统支，灌区独立自主性不足，对地方和上级政府高度依赖。改革后，依据工程规模和完成情况确定资金来源，各级财政预算和受益对象共同承担已建骨干工程后续建设所需的资金，而集体和农户自行负担集体或农户管理的小型水利工程管理费用。❶

上述变革，实质上并未撼动计划经济时代确立的"专业管理与群众管理相结合，以专业管理为主"格局，计划经济体制中弊病仍旧残留，比如灌区专管机构独立性不足，仍受制于行政部门；政企权责不清；用水户参与质量不高；灌区取水费征收标准恣意，存在截留和挪用水费，甚至"捆绑"收费情形；灌区管理单位缺少水费征收的决定权；配套措施不足，"人治"色彩明显等。

为了配合全国的灌溉管理体制调整，皂河灌区的产权制度改革也逐步提上了日程。根据水利部《加强农田水利工作责任制的报告》和《关于改革水利工程管理体制和开展综合经营问题的报告》等文件要求，农村水利工程改革与农村经济体制改革同步，确立水利工程承包制。水利工程承包制范围包括全国大、中、小型水利工程管理单位所辖的水利工程，水利工程单位实行自负盈亏，所获利润与单位效益挂钩，从而激发水利工程开发和管理的积极性。农业水利建设的双轨制意味着由国家承担大水利的建设和维持，而村级（村组、灌区等）则负责小水利的兴建和管理。❷ 依据政策文件要求，灌区的改革也因工程性质的不同而采取不同的改革措施，尤其是针对种类较多、情况复杂的小型水利工程。在产权改革过程中，根据不同性质、类型、规模的工程，采取出租、作股、出卖等形式，开展多元的改制形式，实现多赢的局面。皂河灌区水利产权制度改革的方式为：一是租赁制。管理机构作为发包方，将工程承租给他人经营，收取租金及有关规费。❸ 二是拍卖。拍卖是转移农村水利工程使用权和所有权的一种形式，实现以物易币，充实资金，这种方式主要用于机井、塘坝、小型泵站等受益性的工程。水利工程购买者除却其获取运营的利润，也要肩负提供水利工程的服务义务。皂河灌区的一些小型泵站就通过拍卖的方式

❶ 陈军，葛贻华. 自主管理灌排区理论与实践 [M]. 北京：中国水利水电出版社，2003：78.

❷ 贺雪峰. 乡村研究的国情意识 [M]. 武汉：湖北人民出版社，2004：78.

❸ 葛书龙. 我省小型水利工程产权制度改革分析 [J]. 江苏水利，2001（4）：15 - 16.

进行所有权（使用权）的管理，灌区一级泵站的管理和运营仍然属于灌区管理所。对于二级泵站，一部分拍卖给个人，由个人管理和运营，并保证该地区的农田水利灌溉。三是承包。承包方通过招投标的方式，将水利工程发包给其他主体管理或经营，但其必须依据承包方意愿行事。承包制不改变产权结构，也不改变工程设施资产的经营方向。承包期限一般较长，一般为5～10年，有的可长达15年。采取承包制的小型水利工程比较多，农户与灌区签订承包合同，承包事项不仅仅包括小型农田水利工程管护，还涉及工程道路两边树木的维护等，但是在实践中存在承包不够规范，随意性大，承包基数、期限、责任、权利等不够明确，承包人的选择缺乏透明度，合同未履行公正手续等一系列问题。水利产权改革方式如图3-2所示。

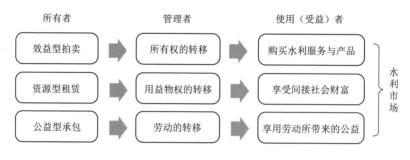

图3-2　水利产权改革方式

通过租赁、拍卖和承包的方式，原本分散的"一家一户"的小农成为了最小的生产单位，自负盈亏，从而缓解了大集体时代的"搭便车"现象。在此基础之上国家和农户产权界限清晰，即"交够国家的，留足集体的，剩下都是自己的"生产模式❶，尽管灌区建设有了新发展，但是在运行中，灌区仍然存在资金缺乏、人员老化、管理落伍等诸多问题。因此，推进灌区改革迫在眉睫。从20世纪80年代起，随着新的领导班子的产生、大禹集团的成立以及灌区水费制度的改革推进，皂河灌区市场化进程的脚步日益加快。

---

❶　刘涛. 从历史逻辑看农民合作的现实可能［J］. 中共四川省委党校学报，2008（3）：97-100.

二、内部机制：精英主导改革

兴建于 20 世纪 70 年代的皂河灌区，属于典型的"三边"工程。这体现了我国改革开放的一些特征。皂河灌区在边摸索、边建设的过程中矛盾突出，特别是夏季水稻栽插期间，用水量增加，供需矛盾增大，一方面水资源浪费现象严重，另一方面争水、抢水事件不断发生，影响村民团结和社会安定。此外，由于灌区管理体制的因素，公职人员增多，导致人浮于事，财政压力剧增，皂河灌区运行资金受限。为了破旧立新，缓解这一困境，县委及时调整皂河灌区领导班子。在这一背景下，1985年，时任宿迁耿车镇农水助理的王学秀被调到皂河灌区任管理所所长兼书记。王学秀在任期内，实行一系列大刀阔斧的改革，使皂河灌区发生翻天覆地的变化，灌区农民用水难问题得以缓解。皂河灌区在农田水利建设中取得的长足进步，主要源自精英治理模式。

在中国乡村，精英治理模式源远流长，不同历史时期的表现特征各异，农村精英代表类型千差万别。在封建社会中，乡村精英主要是各地的"乡绅"，他们一般是考得功名的文化人；新中国成立前，传统的乡绅治理被连续的战争打断，乡村精英不再是士绅而是地方强人；新中国成立后，乡村治理主要依赖于乡村干部。这部分群体通常是一些知识分子进驻村里，根据出身而挑选一些人参与"土改"，这些人在"土改"后成为了乡村干部。❶ 进一步分析，乡村精英的身份变化取决于整体的社会政治环境，其中文化、教育是重要的考量因素。然而，判定是否为精英的外观条件则是权威性，即管理者是否得到支持、组织内的融洽程度等。不同于权力实现的暴力和强制性，权威背后的本质是认同和服从属性，从而实现治理的合法性和正当性。

王学秀书记作为皂河灌区的治理精英，其权威基础是动态变化的。在就职前，王学秀书记的个人经历与皂河灌区并无直接联系。然而，在获得上级行政部门的任命后，王学秀书记开始治理皂河灌区。但王学秀书记能够成功治理皂河灌区，并受到当地村民的广泛接受，这主要归功于他权威

---

❶ 周雪光. 组织社会学十讲［M］. 北京：社会科学文献出版社，2003：207.

性的确立。这种权威性为他日后在灌区治理工作中的顺利开展提供了重要的前提条件。王学秀书记权威性的获取主要通过以下几个途径：

一是身体力行，建立双方信任的关系。人际信任是人际合作的重要基石，领导者通过展现信任的胸怀，赋予他人权利，有助于形成稳固的人际吸引力，构建坚实的人际纽带，进而增强组织内部的向心力。王学秀书记有句很朴实的话："干事业就要扑下身子。"当他刚刚上任时，由于经验相对不足，尽管长期在农村工作，但对灌区管理的了解仍然有限。此外，他所面临的工作压力和难度也比以前大得多，因为过去他管理的是 1 个乡镇，而现在皂河灌区涵盖了 6 个乡镇。为了更好地开展工作，王学秀书记深入田间地头进行调查研究，用整整三个月的时间走遍了灌区 30 多万亩土地。他熟悉了灌区内高地、洼地和"实心田"的实际情况，记住了每一条干渠、支渠、斗渠、农渠和毛渠的长度和方位。

二是借助上级水行政部门的资源帮助皂河灌区发展，提升其在农户中的影响力。衡量组织成效的一个重要手段是看其是否贯彻管理者的指令。权威的核心在于评估多元关系互动中施令者的影响力，即关系系统中，施令者的影响力是否基于被施令者的自愿接受，而非仅仅依赖于强制力。王学秀书记在皂河灌区的工程建设和内部事务管理中有很强的影响力。面对灌区内部的管理问题，王学秀书记深入剖析，发现资金缺乏是许多矛盾的根源。为了推动灌区的发展，王书记带领皂河灌区积极向上级部门争取政策和资金支持，多次到相关部门争取项目，尽管面临诸多挑战，其务实、专注、真挚的品质感染了上级主管部门，使得皂河灌区的发展得到了上级主管机构的全面肯定和支持。因此，皂河灌区成功地引入了资金，增加了经济收入，促进了灌区的发展。

三是通过恰当的激励和惩戒措施，激励措施可以基于领导者和农户的需求来制定，以增强领导者的影响力。借助马斯洛需求理论，不同需求层级对领导者和下属的影响呈现层级化效应，但这并不意味着成功的领导者仅追求高层级的需求。实际上，成功的领导者可能需要满足从基本到高级的各种需求。此外，虽然领导者和下属在某些需求上可能有相似之处，但他们的需求层次和需求强度可能因个人、角色和环境的不同而有所差异。王学秀书记在领导期间，通过强化组织管理、利润共享等方式，凝聚了皂河灌区工作人员的力量。在灌区起步期，他们主要是为了生计而奋斗。随着灌区的成功和荣誉的积累，他们的需求不再仅仅停留于生计层面，而是开始追求更高的自我满足和人生价值实现。通过在灌区的奉献，他们不仅提升了灌区的成就，也无形中提升了自己的需求层次。

由此观之，灌区发展离不开以王学秀书记为主导的精英治理模式。这一模式的成功既有乡镇和上级政府的理解和支持，也有其领导能力和管理技巧。自改革开放后，王学秀书记接棒管理皂河灌区，他不仅具有坚定的政治立场和积极的工作态度，也有一心谋发展，带领农民发家致富的雄心。同时，面对不断出现的用水纠纷，王学秀书记也能够以其个人强有力的工作能力和组织能力，维护当地用水秩序和安定。

三、民众观念：节水意识的形成

新中国成立后，人民公社统筹农户灌溉用水。水资源相对充足，导致农户灌溉用水方式粗放，缺乏节水的意识。土地承包制实施后，农户需要自主经营自己的一亩三分地，粮食收入直接关系到其基本的生计，节水因此成为一项重要任务。但是，皂河灌区土地盐碱化严重，农地产量较低。为了改善土地状况，提高粮食产量，宿迁地区开展"旱改水"工程，农民的栽培方式也发生了变化，水稻种植比例大幅提高。❶ 农户农业用水效率与农田设施供水量之间形成张力。

1985 年之后，全国各地实施农业灌溉用水有偿使用制。一开始，皂河灌区实行按户计费，不管用水量多少，每户都缴纳定额水费。这种模式导致农户用水量完全取决于皂河灌区的用水配置，并不与水费多寡挂钩。与人民公社时期相比，农民并未形成节约水资源的意识。后期，皂河灌区实施按亩计费，农户水费缴纳依据农户所享有的耕地面积来确定。耕地面积越多，农户缴纳的水费越多。在单位用水成本固定的情况下，农户想尽办法提高产量来改善收益，提高生活水平，比如选择种植节水型产能高的经济作物。

---

❶ 20 世纪 70 年代，大种绿肥。春稻、麦稻用水错开，供水压力小。而进入到 80 年代，宿迁形成一麦一稻格局，这种栽培方式的变化加大了夏插期间用水峰值，使得灌区的供水压力增加，用水矛盾开始出现。

灌区自从开始收水费后，大家慢慢不再浪费水了，特别是农业灌溉，以前都是大水漫灌，浪不浪费水和自己关系不大，反正灌区只要把地浇好了就行。但是现在不一样了，自己要掏钱，尽管交的钱不多，但是大家还是觉得要节约用水。（2011 年 1 月，皂河灌区七支渠小组村民访谈）

除了在自身利益驱动下，农户节水意识不断提高，宿迁县政府也通过一系列措施增强民众节水意识。1995 年，在淮阴市❶水利局的大力支持下，皂河灌区在花园片创建一个高标准水利示范区，面积 266.7 公顷。示范区以渠道防渗化、深沟衬砌化、建筑物预制装配化、道路水泥化、管理科学化、大地园林化的集约型水利模式，向社会展示节水、节能、节地、节工、增产五位一体的综合效应。1996 年 9 月，宿豫县被国家列为全国首批 300 个节水增产重点县之一。❷

通过水资源有偿使用制度和农田水利工程技术改良，农户形成较强的节水意识。这种节水意识不再仅仅停留在思想层面，而转化成了具体的节水行为。这一转变促进了皂河灌区的水资源利用率不断提高。农户不用再为夏季用水高峰期而出现的供水不足问题而担忧。

四、运作机制：企业化治理

在地方精英王秀学书记的带领下，皂河灌区在农田水利建设中取得了显著的成效。然而，在计划经济体制下，水管单位均形成"单一经营"的运行模式，并非一朝一夕可以实现。随着全国灌区管理体制改革大潮的推进，这种运行模式遇到新的挑战，皂河灌区也面临着改革的迫切需要。

改革开放以来，皂河灌区遇到一些新的问题，一是由于农业灌溉本身的特点。半年灌溉半年闲，人力资源浪费。二是灌区人员猛增，职工人数由 1985 年 47 人增加到 1995 年 250 人、离退休人员由 7 人增加到 62 人，年工资总额由 4.7 万元增加到 280 万元，很多职工工资没有着落。三是电价、器材设备价格提高，机电费征收标准不能到位，灌区无法维持简单再生产。

---

❶ 1970 年之前宿迁县属淮阴专区。1970 年后属淮阴地区。1983 年后属淮阴市。1987 年 12 月 31 日经国务院批准，撤销宿迁县，设立县级宿迁市。1996 年 7 月经国务院批准，撤销县级宿迁，设立地级宿迁市，辖沭阳、泗阳、泗洪、宿豫四县和宿城区。市政府所在地为宿城区。2004 年 3 月，经国务院批准，撤销宿豫县设立宿豫区。

❷ 周其全，彭伟. 皂河灌区十年改革体制优势凸显 [J]. 江苏水利，2008（6）：44-45.

面对新的形势和矛盾，为了保证灌区的正常有序经营，改革势在必行。
（2016年7月，皂河灌区原副所长彭副所长访谈）

20世纪90年代，在市场经济发展的背景下，皂河灌区紧紧围绕"行业脱贫，职工致富"这个基本问题，加大改革力度，在充分发挥主渠道作用的同时，不断开拓新的经营渠道，发展多种经营，1985—1995年这11年间，灌区进行了四个方面的重大改革：①水费改按亩收费为按方收费，实行水资源商品经营；②打破半年灌溉半年闲的传统格局，构筑"以闸设店，以店养人、以人管闸"良性循环机制；③发挥自身优势，以市场为导向，培育经济增长点；④组建宿豫县大禹农水工程有限公司，改变了灌区组织运作形态。

1996年，借着宿迁地级市成立之际，灌区根据改革发展需要，经宿豫县政府批准，成立了宿豫县大禹农水工程有限公司。然而，它并不是皂河灌区下属单位，而是与皂河灌区"一套班子，两块牌子"，另一块牌子是宿豫县灌排工程管理处，属于事业单位，但是没有编制。从宿豫县水利局现有编制中成立了一个相同级别的大禹集团，隶属于区政府管理，跟水利局同级，实行事业单位企业化管理。宿豫县大禹农水工程有限公司负责管理、使用和维护灌区渠首电灌站、干支渠及其配套建筑物，严格按照"产权清晰，权责明确，政企分开，管理科学"的要求，实行公司化运行，依公司章程办事，财务独立核算，建立健全相关的配套管理制度。

该集团以宿豫县大禹农水工程有限公司为核心企业，宿迁市水电机械厂、宿迁县水利宾馆、宿豫县打井队等9个单位为紧密层，宿豫县王官集、蔡集、耿车、皂河等4个乡镇水利站为次紧密层，以中运河管理所等25个单位为松散层，建成集水利、工业、商业、贸易、种植、养殖、加工、运输为一体的多地区、多行业、多种所有制形式的企业集团。这是宿豫县第一个立足水利、服务农业的企业联合体，是宿豫县水利经营体制改革的新尝试。集团的成立，标志着灌区水利建设和运营迈入市场化轨迹，加速了水利产业化进程，对内增强实力，对外增强竞争力，推动了农业产业化进程和地方经济的发展。

五、资金保障：水资源有偿使用

农田水利收费制度的改革是水利产权制度改革的重要组成部分。通过水资源的有偿使用，才能满足水利市场化的基本要素，即交易中的对价。此外，推行水资源的有偿使用，能够对农民用水行为起到引导作用，鼓励农民节约用水。水资源有偿使用中最为核心的是水价核算和水价收取方式两个部分，主要表现如下：

（1）通过考量多种因素，形成更为科学理性的水价核算方式。灌区水价的核算主要根据机电排灌费、机电费和农业排涝费的价格。1997年，依据国务院关于印发《水利产业政策》的通知（国发〔1997〕35号）、《江苏省机电排灌收费标准核定办法》等相关文件，由县物价局、水务局每年核定一次水价，实行用水户终端水价。水费计收改革将行政事业性收费转变为经营性收费，并由物价部门颁发经营性收费许可证。农灌机电排灌费成本由机电排灌人员工资及附加费、油料及电力费、基本折旧费、大修理费、维修费、管理费组成。其中，机电排灌的工资一般按7～9个月计算，但如果排灌需要常年使用人员，其工资可按全年计算。在6项成本中，变动的因素很多。如人员，由于大专院校毕业生分配、转业军人安置以及职工子女就业等因素，导致人员数量年年增加；维修用的器材、配件不断涨价；电力价格也不断涨价，所以农灌机电费需要每年核算，费用年年报批。

（2）调整水价计算方法和收取方式，鼓励民众节约用水。皂河灌区水价计算从按亩计算到按方计算。水价的计算采用的公式是：混合水价＝供水成本/支渠首供水总量；两部制水价＝基本水价＋按方水价。其中基本水价＝（工资及附加费＋基本折旧费＋管理费）/灌溉面积；按方水价＝（油料及电力费＋大修理费＋维修费）/支渠首供水总量。

1998年以后，农灌机电费由物价局、水利局联合核批，并试行基本水费和计量水费相结合的两部水费制收取方式。但如果水价核算未到位，灌区则属亏本经营。考虑到农民的负担，政策上并未要求提取大修理费和基本折旧费，同时增加的人员成本也不计入核算范围，仅考虑了电力涨价和器材配件涨价的因素进行核定。因此，很多灌区仍处于亏本经营。

以1997年为例，皂河灌区水价到位82％，船行灌区水价到位82％，嶂山灌区水价到位88％，路北灌区水价到位95％。农灌机电费是保证灌区正常运行的主要经济来源，曾一度由乡镇农经站代收，提取手续费 1‰～2‰，后改由灌区自收，农灌机电费由灌区统一安排使用。

水费的收取在皂河灌区一般由乡镇统一进行。曾有一段时间，机电排灌费由乡镇农经站代为向村民收取，而灌区本身并不直接参与向村里的收费过程。乡镇在收取水费时，会按照实收水费的 2.5% 提取手续费，并将这部分费用纳入"四粮七钱"中，其中"四粮七钱"包括公粮、商品粮、水利粮、征购粮等四种粮食相关的费用和七种其他费用（其中有机电排灌费）。由于水费由乡镇统一收取，灌区不存在水费收不上来的问题。当时，农民卖粮食的唯一渠道是粮管所，且通常在粮食售出后不会立即收到现金，而是由粮管所直接从粮食款中扣除水费。但与此同时，也存在一个问题：乡镇代收水费导致了搭车收费和挪用、拖欠水费的现象。20 世纪 90 年代中期，随着税费改革的推进，政府不再允许向农民开具未兑现的收据。这导致乡镇在代收水费时，由于资金流转压力，可能会截留至少 30% 以上的水费。后来，灌区开始自己收取水费，搭便车的现象就逐步消失了。（2016 年 7 月皂河灌区彭副所长访谈）

灌区在经营体制改革之后，将水费收取权收回了，并采取了自收自支的管理模式。具体征收由灌区抽派职工进乡镇、村组，实行现场收费到户。由于水费收费到户，透明度提高，可信度增强，不仅减轻了农民的负担，还增加了灌区的收入，受到灌区和农民的广泛好评。灌区计收水费分成比例已经经历了几次调整。水费作为水利工程运行管理的主要经费来源，始终坚持"专户存储，专款专用"的原则，以确保水费被正确使用并发挥其最大效用。

尽管水资源有偿使用受到部分农民的质疑，他们认为收取水费是加重了农民负担。然而，水费的征收却有助于扭转农民长期以来受计划经济体制的约束以及改变他们心中水利是社会公益福利事业的观念，从而加强农民对农田水利市场化改革的认知。

第三节　皂河灌区市场化的双刃剑

默顿基于社会功能研究的视角，为皂河灌区市场化效果的分析，提供了有力的分析框架。他将社会看成一台机器，其由各种相互依赖、功能各异的成分组成，以维持整体结构。在默顿的理论中，社会功能则是"可观察到的客观结果，不是指的主观意向（目的、动机、意图）。"❶ 进一步地，默顿提炼出来的正功能和非预期性后果，成为了评估皂河灌区市场化运营结果的一种重要尺度。在默顿看来，正功能是有助于调适系统的后果，负功能是削弱系统调试的相反后果。但是市场化中的问题，并非是对系统的一种相反结果，而仅是一种非预期后果，即是指行动的意外后果，是人类活动的独有现象，既非主体所意图，也未被主体所知悉的客观后果。

由此，观察大禹集团市场化运营，这不仅是水利产权制度改革的现实需要，其市场化运行给灌区带来的影响也是双向的，有积极的一面，也有比较消极的一面。其正面功能表现为解决了灌区资金运行困难的难题，其非预期性后果表现为市场运行带来的表面繁荣以及内部管理机制失灵造成的灌区人才流失，给灌区未来的发展留下了隐患。

一、正面功能

20 世纪 90 年代，在市场经济发展的潮流下，灌区负责人与时俱进，提出"经营水利、以水养人"的发展理念。灌区灌溉的时间一般是在每年的 4—9 月，其他月份灌区属于农闲时间。尽管在农闲时间，灌区仍然需要发放职工工资，为职工缴纳养老保险和医疗保险，这无疑给灌区带来了很大的资金压力。为了改变资金短缺的现状，皂河灌区走上了多种经营的路子。灌区当时有冰棒厂、面粉厂、挂面厂、食品加工厂等，到 90 年代中期，多种经营开始逐渐发展壮大。大禹集团以宿豫水利局所属的水利商场为依托，在各个闸站建立商业网点。到 1996 年年底，这种经营模式的发展达到了高潮。灌区每个职工都要参加多种经营，卖东西的收入是工资的几倍，所以，当时灌区的经济效益还是不错的。

为了改变"吃大锅饭，喝大锅水"的格局，改善责、权、利不明确，经营方式粗放、效益低下的状况灌区于 1994 年 10 月、1995 年 3 月、1997 年 6 月先后兼并打井队、骆马湖防洪讯仓库、皂河农机修造厂，实现共同

---

❶ 默顿. 社会理论和社会结构［M］. 唐少杰，齐心，译. 南京：译林出版社，2006：86.

富裕的目标。在管理上，上述单位对外仍属建制单位，单位性质、人员身份不变，对内人、财、物均由灌区管理所负责，实行统一管理、统一核算。兼并后，灌区利用这些单位原有的自身资源优势，开展多种经营项目，完善内部经营机制，调动职工的积极性，从根本上克服了计划经济条件下派生出来的"等、靠、要"思想，树立市场意识和竞争意识。打井队 2 套设备分别承包给个人经营，年度上缴承包费 24 万元。防汛仓库发展养猪、种植、加工、采砂等生产项目，均分别承包给个人经营，年度上缴承包费 13 万元。皂河农机修造厂也恢复厂容、厂貌，在生产经营中获得了较好的收益。

为了实现水利工程管理科学化、高效化，灌区供水公司实施工程承包管护责任制，本质上根除了长期存在的重视建设、忽视管理的弊端。灌区供水公司与灌区职工和用水户签订 386 份相关合同，将混凝土防渗渠道 143 公里、建筑物 1560 座、小型泵站 37 座、房屋 6000 多平方米、花木 2 万多株等的管理和维护工作有偿承包。在干支渠两堤滩面栽种意杨树 5.2 万多株，收入归承包者所有，预计年增值每棵 40 元，年均增加承包户收入 208 万元。❶

从灌区改革成效来看，其管理模式和发展战略具有高度的可行性、科学性。通过将工程承包给职工，不仅可以提高工程管理水平，保证工程安全运行，延长工程的使用寿命，使工程设施可以得到及时的管护，有效减少了损坏现象，大大减轻了灌区的负担和管护费用，化解了债务，而且为职工增加了就业岗位。灌区职工通过参与工程承包，每年人均可获得 6000 元的管护工资。此外，他们参与灌区工程的施工还可以得到施工报酬，使职工获得多渠道的收入。灌区实现三赢局面，在节约水资源基础上，服务质量得以提升，粮食生产安全得以保障，充分展示节水、节能、节工、节地、减负、增收"六位一体"的多功能现代化农田水利建设的发展方向。市场化有效扭转了"重建设轻管理"的困境，在皂河灌区取得了良好的成效。在实施灌区节水改造基础上，加大用水户参与，实现"四节、一增、一减"的效益。

---

❶　资料来源：2002 年《宿迁市皂河灌区管理所节水交流材料》。

二、非预期性后果

尽管前期的水利产权制度改革以及灌区市场化运行使得灌区经济收入得到大幅提升，水利工程设施建设也通过承包、租赁等手段得到了稳步发展，灌区建设呈现一片欣欣向荣的景象，但灌区市场化运行中隐藏着非预期性的后果，主要表现在以下三方面：

（1）收入的虚高。从 20 世纪 90 年代初期开始，灌区进行的多种经营模式是水利制度产权改革大背景下的结果。由于当时的规模生产、机械化程度都不高，加之需要雇佣工人、租厂房，相对于市场上专业经营的人来说，灌区的多种经营没有竞争优势，而且灌区生产出来的东西价格普遍比市面上的要高，从而造成了生产的产品卖不出去的现象。为缓解这一困境，灌区采取了内销的方式，将灌区生产的东西转卖给自己的职工，作为职工的工资来抵扣。从一定程度上来说，职工工资高的前提是提升自产商品的价格，因为当时职工的工资是直接根据多种经营任务完成的成果来发放的，采用的是"以劳折资"的方式，久而久之，这种经营方式便无法持续下去。

（2）灌区自身负担过重，影响了自身的进一步发展。灌区将工程承包给职工，要求职工先交承包费，并负责渠道的管理工作。灌区在第二年支付给职工管护费作为报酬，管护费的比例为 17%～18%，承包期 10～15 年。职工并不是以现金的方式缴纳承包费，而是由灌区用欠职工的工资、用水户协会水费等债务进行抵扣，因为这部分钱灌区难以偿还，于是采取承包的方式作为解决方案。灌区每年支付给承包人的承包费并未获得上级的拨款补助，需要由灌区自行承担。方案如果灌区没有稳定的收入来源或者收入来源不足以弥补支出，就会导致灌区的负债。长期以来，灌区因未能及时支付承包费给承包人，导致承包期满后，灌区的干支渠面临无人愿意承包的困境。与其他灌区不同，皂河灌区并未采取粗放型的管理方式，而是直接管理到斗渠、农渠，这无形中增加了灌区的负担。灌区既要支付职工的工资，又要发放管护费，加上灌区的领导为了给上级减轻财政压力，没有积极向上争取更多的管护费和其他经费支持，致使灌区发生了财务困难。

（3）僵化的管理制度导致了优秀人才的流失。皂河灌区早期比较注重人才的引进，20 世纪八九十年代，陆陆续续引进了许多大中专毕业生，这些大学生在灌区管理、工程规划上都发挥了巨大的作用，但是后来绝大多数人又陆陆续续离开了灌区。原因是多方面的，有些人是因为自身原因，出去创业没有再回来，也有些人是因为灌区管理体制的原因。

由此可见，尽管灌区在外观上具备市场化的特征，比如大禹集团的企业化运作、灌区项目工程外包等，但是受制于内部决策机制的影响，灌区仍旧采取较强的行政管理手段，而忽视采用更具活力的组织模式，这对灌区的可持续发展产生一定消极影响。

第四节　本　章　小　结

改革开放以来，农业生产经营体制发生了翻天覆地的变化，人民公社解体，浩浩荡荡的计划经济落下帷幕。国家经济体制的变革，对皂河灌区的农田水利建设产生了深远的影响。

20 世纪 80 年代初期，全国经济亟待振兴，国家面临财政吃紧的困境。国防、工业等领域需要大量资金投入，农田水利建设被边缘化。由于资金有限，农田水利设施建设和养护不足，无法有效抵御自然灾害，这对皂河灌区所辖区域农业发展造成了一定程度的影响。此外，随着土地承包责任制的推行，农民实现了分田到户，集体意识逐步弱化，参与农田水利建设的积极性不高。与人民公社相比，作为乡村治理基本单元的村委会，不再强力地调控农民生活的方方面面。脱离人民公社的"强力黏合剂"，皂河灌区难以通过有效的制度约束来调动农民积极性，参与农田水利建设。为了更快、更好地发展灌区的农田水利建设，皂河灌区打出"组合拳"，在保质保量完成国家任务的基础上，还创新性地开展自选动作，充分利用国家政策优势，大力筹集农田水利发展所需的人力和财力。

1985 年之后，为了解决农田水利建设人手短缺的问题，国家提出群众兴办水利，确立义务工和积累工制度（简称"两工"制度）。通过"两工"制度，皂河灌区能够跨村行政区域，调动水利建设的劳动力资源投入水利建设。然而，"两工"制度的执行过程中遭遇各种难题，比如部分家庭劳动力不足、农民不愿付出体力劳动等。灌区通过"以资代工"等替代方案解决这些问题，并有力地缓和了农田水利设施的资金紧张。此外，国家确立农业用水有偿使用制度，为皂河灌区依法向受益农户征收水费提供了制度保障。

除了制度的改革，为了进一步深化农田水利改革，皂河灌区在运作机制上进行了结构性调整，实施两步走的改革路径：一是通过承包、租赁等形式，将一部分农田水利设施交由私人运营，灌区与受益农民通过承包、租赁等方式，提升了农田水利设施的效用；二是1996年成立大禹集团，与皂河灌区管理所实行"一套班子，两块牌子"的管理模式。大禹集团以企业化的运作方式，负责向受益农民征收水费，并营利性地经营灌区内的农田水利设施。灌区通过一系列的市场化举措，积极响应国家农田水利建设放权的方针和政策。

通过一系列的改革措施，灌区平稳地从计划管理体制向市场化运作机制转变。如今，灌区能够及时和充分地向农民提供农业用水，并拥有了比较充裕的资金维系灌区的运作。然而，灌区的市场化改革并不充分，其中政企不分是改革难以进行的问题所在。作为水利管理单位的皂河灌区管理所，同时也需承担水费征收工作，其公益性和经营性造成了农田水利工程外包过程中，缺乏有效的制度约束，存在资金链断裂的系统风险。

这一时期的灌区充分体现管理型组织特征。灌区通过实现对灌区人力和财力的高度强化管理，并利用企业化运作模式，使其效用最大化。从计划经济年代的国家包办，到市场经济建设中的自我摸索，灌区着力解决劳动力和资金问题，为农田水利改革探索出了一条切实可行的道路。

第四章 协作和辅助：
皂河灌区的黄金期
（1998—2009 年）

在市场化改革中，皂河灌区充分利用资源，拓宽各种筹资渠道，维系辖区内的农田水利运营。但是改革的资金来源是有限的，并不能使农田水利建设上升一个新的台阶。直到 1998 年后，中国政府加强与国际组织合作，将世界银行节水灌溉项目资金用于农田水利建设和节水灌溉。除了资金的支持，世界银行项目投入更大意义在于促进农田水利灌溉管理体制变革。世界银行项目指南要求灌区在利用资金的同时，必须建立农民用水户协会，让农户参与到农田水利建设中来。由此，这一时期的皂河灌区，外部受到资金支持，内部加强民主参与，组织能力和运作实效得以提升，辖区内的农田水利建设步入黄金期。

第一节　皂河灌区发展的多重困境

一、资金困顿：灌区压力增大

随着税费改革的深入，农田水利建设的出工、出资问题给皂河灌区的管理和建设带来了现实困境。"两工"取消意味着固定的劳动力不再，税费改革意味着对农民不再能够随意征收农业税、公共生产费来用于农田水利投资，只能采取"一事一议"的政策来收取相关费用。在农民减负的同时，灌区农田水利建设的负担加重，主要体现在以下几个方面：

（1）农民缺乏对税费改革的正确认知，想完全依靠灌区投资农田水利建设，不愿出力，甚至不愿及时缴纳税费。[1] 税费改革全面实施之后，国家规定田间工程"最后一公里"，也全部交给灌区管理。这一系列措施本意在于为农民减负，而不是国家大包大揽。部分农民过于依赖政府，认为自己可以不履行任何义务。对于三年过渡期中的"两工"义务都选择逃避，甚至连自己田地上的毛渠、农渠等清理工作也不闻不问。

---

❶　朱克成，张嘉涛，李玉松，等. 税费改革后农村水利持续发展的策略［J］. 中国农村水利水电，2002（5）：31-33.

"目前，我们灌区实施的是收费到户的策略，同时，我们的灌溉服务也直接提供到户、到田间地头。然而，这种模式下，农民们养成了一个习惯，即他们认为既然我使用了你的水，你就应该帮我把水直接放到地里。他们要求，对于我的每一块地，你都要拿着工具帮我将水引入田中，并确保水流通。这种要求已经超出了我们的服务范围。不仅我们灌区无法做到如此细致的服务，连用水户协会甚至以前大集体时期的放水员也无法满足这样的要求。面对农民们的这种要求，我们感到十分为难。因为我们是收费到户的，如果不能满足他们的这种要求，他们就可能会拒绝支付水费。但实际情况是，对于众多农户，我们无法逐一为他们把水放到地里，这样的要求很难实现。"（2016 年 10 月，皂河灌区马副所长访谈）

皂河灌区实行收费到户，村里、乡里不再管理支渠以下的工作。无论是干支渠还是斗渠、毛渠、农渠，维修和维护都要靠国家投入资金建设，并由灌区来维护，农民不会自己主动来维护。干支渠是好管的，灌区有能力进行管理。但支渠以下，尤其是到农渠，由于灌溉面积太大，且每年都要进行维护，灌区没有能力做到这一点，农民又不愿意做。这就导致渠道损坏越来越多，而农民没有维护意识，觉得维护和维修都是灌区的事情，和自己无关。

随着改革开放的深入，农民进城打工的越来越多，农业收入不再是他们唯一的收入来源。外来打工收入在农民总收入中的比重增加，农业收入比例在总收入中所占比重越来越低，农民对于农业收入的期望也在降低，对农田水利设施的投入也越来越少，特别是农业机械化程度高了之后，栽插收割都有大型机械，需要人工做的就是除草和打药这两件事。农民都不愿意去放水，因为灌溉季节天气炎热，放水工作太辛苦，而且整个灌溉季节都要放水，年轻人宁愿出去打工多挣点钱，也不愿意留在家里种地。老年人则干不动这样辛苦的工作，各村也不可能像人民公社时期，找放水员来专门放水。各村小组没有经济收入，根本无法支付给放水员每天每人100 块钱的工资，也就意味着，在农民不配合的情况下，管理和协调农田灌溉的人手严重不足。

（2）经费缺乏，缺少推行政策的激励机制，难以调动基层干部积极性，从而使得政策推行遇阻。在政策过渡期，新的制度和管理模式亟待建立，但并非是一蹴而就，而应当缓缓而行。有些干部存在"一刀切"的思想，不能灵活处理减负和农村发展的关系，存在懒政、不作为的现象。在政策过渡期，面对突发状况，难以及时组织人力应对，比如少数地方河流受阻，难以供水，乡村怠于疏浚，严重影响农业生产。❶ 以灌区收水费来说，以前水费是经过乡镇来收取，而乡镇管理的比较粗放，可能会给村基层干部一部分费用来激励他们积极工作，但是后来灌区把收费权给收回来了，导致基层干部在收取水费的过程中失去了直接的经济利益，因此他们变得比较被动，不太愿意协助灌区进行收费。即使灌区想将收费权还给乡镇，乡镇也不愿意接收。

灌区水费收取的一个重要节点就是分田到户。分田到户之前都是村组管，水费就是机电排灌费，直接由乡里收取，不经过村里。乡里把这个费用纳入到"四粮七钱"中，其中"四粮"里有水利粮，"七钱"里有机电排灌费。钱是由乡里统一收费，灌区不负责收费。当时，老百姓粮食的唯一途径就是卖给粮管所，如果不交费，到时候卖粮食是拿不到钱的。所以那时候收费不存在问题。一直持续到 90 年代中期，税费改革以后就不再允许这样了，不准给农民打白条。后来，收费问题就成为一个大问题。由于乡镇经济比较困难，在代收水费时，最少要截留 30% 以上的费用。因此，后来成立了用水户协会，自己收费。那时候，用水户协会发挥了很大作用。（2016 年 10 月，皂河镇曹副镇长访谈）

（3）新老政策过渡，存在真空期，资金来源渠道不畅，阻碍农田水利建设。在省委和省政府的要求下，江苏各地结合实际情况，制定贯彻税费改革的实施方案。然而，税费改革方案的执行需要与实践不断磨合和优化，不可能一蹴而就。在税费改革中，相关的事权和财权的充分分配和转移不是一个简单的过程，不仅耗时耗力，还可能出现权责模糊的阶段，甚至可能导致建设出现停滞。❷ 税费改革后，"两工"的取消和村提留的改革，在一定程度上为农民减负，但也导致 70%～80% 的跨村、跨乡农村水利工程缺乏资金保障。

---

❶ 朱克成，张嘉涛，李玉松，等. 税费改革后农村水利持续发展的策略 [J]. 中国农村水利水电，2002（5）：31 - 33.

❷ 张嘉涛. 活水先活"源"：加快我省水利改革步伐 [J]. 江苏农村经济，2002（1）：34 - 35.

由此观之，灌区一方面面临国家政策指导的缺失，一方面面临着人力、财力的匮乏，灌区的发展面临着前所未有的巨大压力。

二、技术应对：灌区改革措施

面对上述发展中的困难，皂河灌区针对排灌工程标准下降、水利设施老旧、农民思想上不愿意在水利工程上投入的难题，结合自身的发展，提出了应对的策略。具体包括以下几点：

（1）提高区域治理标准，向流域性治理标准看齐。20世纪90年代以来，江苏从省政府到地方政府，均大兴水利，提高农业生产力，取得了显著的成效。皂河灌区借助世界银行节水灌溉一期贷款的契机，改建渠首泵站。改建后的渠首泵站在建设质量、效益、速度等多方面都达到了前所未有的水平。

（2）创新灌溉技术，推广节水灌溉，形成集约型的农业发展模式。灌区紧紧围绕节水农业建设，全面推广以"宏观控制，科学管理，计量供水，按方收费"为基本框架的管理型节水灌溉技术以及农业栽培技术。[1] 解决灌区局部高地灌溉用水难的问题，在西沙河、六塘河等骨干河道上兴建一批回归水站，以提高水的重复利用系数，减轻渠首供水压力。

（3）推进城镇化改革，巩固防洪工程。[2] 在城镇化过程中，随着人口增长和自然资源的需求量急剧增加，违法占用河道、不合理开发江河滩的现象屡见不鲜，导致河道淤积严重，泄洪能力下降，城镇应对洪水、暴雨等自然灾害的能力削弱。灌区承包工程中，个人在工程范围内种植杨树，这既增加了经济收入，又起到了防洪的作用。

（4）调整农业结构，提高农田灌溉标准。宿迁盐碱土面积较大，经过多年来的"旱改水"和水稻种植，改良了宿迁的土地，使土壤变得肥沃，也提高了农田的抗涝能力。宿迁以往种植小麦、甘薯、大豆等旱作物，经过"旱改水"，农业结构发生了重大调整，一稻一麦的种植成为当时宿迁主要的种植制度。随着种植制度的改变，相应的农田灌溉标准也随之提高，

---

[1] 仝志辉. 农民用水户协会与农村发展 [J]. 经济社会体制比较，2005（4）：74-80.

[2] 朱克成，张嘉涛，李玉松，等. 税费改革后农村水利持续发展的策略 [J]. 中国农村水利水电，2002（5）：31-33.

兴建和改善了许多水利设施，发展了节水农业，增加了农民的收入。

（5）加快农村水利现代化进程。为了提高水资源的利用率，皂河灌区创建了高标准的水利示范区，这种集约型水利模式在宿豫县获得一致好评。该示范区利用世界银行贷款进行节水改造和续建配套建设，修整干支渠以及农田水利现代化建设，一个节水多元化、运行模式与国际接轨的生态型、现代化皂河灌区逐步显现出来。

尽管灌区通过吸引资金、技术创新等方法来应对资金短缺、人手不足等发展困境，但是不能忽视的是伴随税费改革推行，乡村基层组织受到较大的影响，比如面临人员和机构的裁撤和合并，甚至取消。❶ 尤其在"两工"制度取消后，更是让乡村农田水利组织运行雪上加霜。税费改革固然能减轻农民负担，重塑国家与农民的关系，真正体现我国以工农为基础的国体结构，消解干群关系的张力。❷ 然而，改革并非一帆风顺，部分地区的乡村基层组织淡出管理舞台后，利益分散的农民难以被组织，为了维持基本的农业生产需求，农民生产和生活成本实质上上升了。❸

第二节　理念更新：参与式灌溉管理理念

西方发达国家的灌溉管理体制改革较早，始于 20 世纪 60 年代。相比之下，我国灌区体制改革旨在实现农业的可持续发展，改革高潮出现在 20 世纪 90 年代初期，农户民主参与制度建立。在灌区建设和运营中，通过政府的指导和调控，提高农户主人翁意识，鼓励他们依据市场规则积极参与灌区管理，保障灌区正常的蓄水、灌溉等功能。随着我国经济体制改革深入，对中小型灌溉工程试行租赁、承包、拍卖、股份合作制等形式，改革成效显著。20 世纪 90 年代初，在吸纳和借鉴国外灌区改革经验基础上，我国引进参与式灌溉管理体制。

参与式灌溉管理体制在我国的落地生根，循序渐进，分为两个阶段：一是形成经济自立灌排区阶段。经济自立灌排区由两个机构组成，分别是

❶ 赵晓峰. 漫谈近代以来乡村基层组织的演变逻辑 [J]. 调研世界，2008（11）：24-27，48.

❷ 贺雪峰. 税费改革的政治逻辑与治理逻辑 [J]. 中国农业大学学报（社会科学版），2008，25（1）：168-170.

❸ 同❷。

负责从干渠渠首供水的供水公司（Water Supply Company，WSC）或供水组织（Water Supply Organization，WSO）和管理田间配水渠系的用水户协会（Water User Associations，WUA）。❶ 中国首批经济自立灌排区试点是湖南铁山灌区和湖北漳河灌区，这两个灌区均是 20 世纪 90 年代初世界银行节水灌溉贷款项目试点的灌区。❷ 供水公司和用水户协会的关系接近市场中的买卖双方，但两者承担提供社会服务的功能，均不以营利为目的，保障农户有序用水。❸ 经济自立灌排区的模式颠覆了传统灌溉管理模式：灌溉管理体制主体由政府把控变为农户自主管理，管理模式由计划调控变为市场调节。在这种模式下，农户自主管理，有偿用水。这种管理模式明确灌溉管理体制中的主体责任，强化市场调节力量，确保水资源的供应、使用和管理符合现代农业发展需求。❹ 二是自主管理灌排区的确立。受制于水资源的国家属性和农村传统的灌溉管理模式，我国灌区管理模式无法实现真正的经济自立。❺ 农业灌溉用水定价需要在国家的补助下，才能收回成本。鉴于这一实践差异，2001 年，经与世界银行协商后，"经济自立灌排区"更名为"自主管理灌排区"（Self‐management Irrigation and Drainage District，SIDD）。

一、西方经验：自主管理灌排区

自主管理灌排区所指的灌区与通常所说的灌区并非一个概念。通常灌区是地域概念，指某灌溉工程所覆盖的受益地理边界范围的统称。而 SIDD 虽然也有地域的概念，但其不仅仅指向地域边界，更强调是一种灌溉管理制度及其发展目标。在我国，自主管理灌排是在国家顶层设计下，改革灌区管理运营体制，由计划经济转向市场经济运行，通过供水公司（供水机构）和农民用水户协会的合作，实现农户自主管理，充分满足农户的基本

---

❶ 穆贤清，黄祖辉，陈崇德，等. 我国农户参与灌溉管理的产权制度保障 [J]. 经济理论与经济管理，2004（12）：61-66.

❷ 仝志辉. 农民用水户协会与农村发展 [J]. 经济社会体制比较，2005（4）：74-80.

❸ 彭亮. 基层农水改革试验十五年 [J]. 农经，2011（2）：26-29.

❹ 穆贤清. 农户参与灌溉管理的制度保障研究：基于我国农民用水者协会的案例分析 [D]. 杭州：浙江大学，2004.

❺ 丁平. 我国农业灌溉用水管理体制研究 [D]. 武汉：华中农业大学，2006.

需求和发挥灌区的最大潜能。❶

供水机构是在政府许可下，享有对水资源的提取权，并通过合理分配给农户使用，征收水费和水资源费的法人。❷ 供水机构主要职责是：管理和运营支渠及以上渠系和水库等水利设施；按照供水计划和供水量，分别向协会供水和征收水费；提供必要的技术支持和服务给农民用水户协会。

农民用水户协会是指在同一灌溉区域内，由使用水资源的农民自发自愿形成，依法登记的社团组织。❸ 用水户协会旨在为用水户提供灌溉服务，以自主管理、相互合作、科学决策、透明监督为基本原则，依照组织章程管理水资源的组织。协会主要职责有运行和管理支渠以下的各级渠道、依照灌溉次序给水、调查用水需求，并与供水机构签订供水合同、依照用水量向供水机构缴纳费用并向用水农户征收水费等。

供水单位和供水公司是当前我国供水机构的主要形式。由此生成两种不同组织结构的 SIDD 管理模式：一是供水单位和农民用水户协会，二是供水公司和农民用水户协会。供水单位跟供水公司在这两种组织结构中的职能基本相同，不同的是组织的性质。供水单位虽然自主经营，独立核算，但是享受行政拨款的事业单位。供水单位通常由行政机关性质的水管站改制而来，其与农民用水户协会之间是行政隶属关系。而供水公司是依据《中华人民共和国公司法》成立，自主经营、自负盈亏的企业法人，供水公司与用水户协会之间是依据合同形成的买方和卖方的平等民事主体。❹

与传统的灌溉管理模式相比，SIDD 是具有公平、高效、可持续发展特点的灌溉管理模式。❺ 它按照市场经济的要求，遵循价值规律和市场交易原则进行商品水的买卖，并通过用水户协会将分散的农民集中起来，全面参与灌区管理和运营，包括建设、运营和维护农田水利工程，制定用水计

❶ 侯依群，陈军. 经济自立灌排区研究 [J]. 中国农村水利水电，2000 (11)：4 - 6.

❷ 丁平. 我国农业灌溉用水管理体制研究 [D]. 武汉：华中农业大学，2006.

❸ 刘志勇. 中卫县灌区农民参与用水管理 [J]. 中国农村水利水电，2003 (4)：20 - 21.

❹ 赵立娟. 农民用水者协会形成及有效运行的经济分析 [D]. 呼和浩特：内蒙古农业大学，2009.

❺ 邢荣. 自主管理灌排区（SIDD）在天津推行的可行性 [J]. 中国水运（下半月刊），2010，10 (9)：177 - 178.

划和分配计划，监督用水户协会和供水机构等。[1] 相较于传统灌溉管理体制，SIDD 减少政府行政色彩，通过自我管理和民主监督，实现灌区良好运营和资金的自我保障，最大效用地发挥灌区的潜能，促进农业增产。用水户协会和供水机构依法组建，严格遵循制定的章程和配套制度，对水资源统一调配、制定水价、计量水量、征收水费，公开透明地运作。

从表面上看，传统灌溉管理体制下，灌溉管理委员会所体现的群众管理和参与式灌溉管理体制下的用水户协会似乎都有农户的参与，但是两者有实质上的差别（表 4-1）。

表 4-1 **传统灌溉管理体制与 SIDD 管理模式的比较**

比较内容	传统灌溉管理体制	SIDD 管理模式
地理边界	行政区划	水文边界
供水单位性质	行使公共职能的事业单位	企业法人
管理方式	行政手段	合同自治
水价	低于成本价，支渠口水价	符合成本水价，农渠口水价
水费计量	按亩层级收费	按方到户收费
产权情况	管理权、经营权、使用权界限模糊	管理权、经营权、使用权界限明晰
供用水主体的关系	行政管理关系	买卖合同关系
灌区的经济情况	财政补助	自主管理
水利工程的正常维护资金来源	收缴的水费和政府补贴	收缴的水费
农民的行为	被动参与	自主参与
供水单位的行为	没有降低供水成本的动力	降低供水成本
水利工程效益	工程效益较低	效益提升

传统灌溉管理体制和 SIDD 本质区别在于农民参与的方式，前者是被动参与，后者是自主参与。这一差异也必然决定了农户参与灌溉事项的深度和广度，进而直接影响农田水利灌溉的实效。

---

[1] 谢永刚，顾俊玲. 我国小型灌区水权制度创新及经济绩效分析：以黑龙江省兰西县长岗灌区转变用水管理机制为例 [J]. 水利经济，2009，27（1）：24-28，76.

二、外部推力：世界银行项目引入

世界银行项目经理、首席农业经济专家瑞丁格（Riedinge）曾指出，中国由政府主导和管理的灌溉系统是灌区管理问题的制度根源。因此需要构建一种新的方式，将政府放权、民间组织参与和适度的市场化三者融合在一起，将农民吸纳进灌溉管理中，提升其在管理中的主人翁意识，进而提高管理效率。

20 世纪六七十年代以来，参与式灌溉管理的改革在世界各国轰轰烈烈地展开，并取得明显成效。参与式灌溉管理改革是由国家主导，将高度计划性的自主管理灌排区的管理体制和运行机制，引入市场元素，通过用水户参与，增强管理自主性，提升自我维持能力，使得灌溉排水区良性运行。❶

"皂河灌区用世界银行贷款大概是在 1997 年年底，这是第一期，这笔贷款属于中央财政投资。从 1997—2000 年左右，也正是因为要利用世界银行贷款，灌区从 1997 年开始陆陆续续成立了用水户协会。第一批大概是 1998 年 5 月成立的，第二批则在 1999 年 1 月成立。第一批大约有 10 个，第二批大约有 8 个，两批总共成立了 18 个协会。用水户协会参与管理，一开始不是我们主张的，而是世界银行贷款要求用水户协会参与管理。这种方式被称为经济自立灌排区，后来演变为自主管理灌排区，大概是从 1997 年之后开始的。从这一年开始，有几个方面的投资得以实施：一是世界银行节水灌溉投资，二是国家水利部加大对灌区农田水利的投资。皂河灌区连续投入了四期续建配套工程项目。"（2016 年 10 月，皂河灌区彭副所长访谈）

在吸纳和引进国外灌区先进管理制度和改革经验的基础上，结合我国实际，我国于 20 世纪 90 年代初开启灌区改革，率先在湖南、湖北等地开展灌区改革试点。皂河灌区于 20 世纪 90 年代后期引入世界银行节水灌溉贷款资金，开展 SIDD 建设。外力的推动，有效地推进了皂河灌区内部灌溉管理体制的改革。

---

❶ 赵翠萍. 参与式灌溉管理的国际经验与借鉴［J］. 世界农业，2012（2）：18-22.

三、制度红利：灌溉体制市场化

传统的灌区管理模式是实行"条块结合、分级管理"的双重管理模式，由政府管理为主、水行政主管部门指导为辅。[1] 这一传统模式下所有权和经营权割裂，产权掌握在政府手里，而经营则实行企业化运作。政企不分的运作模式使得灌区的问题一览无余：用水户参与度不高、运行缺乏相应的激励措施，资本运营效率低。[2]

"供水公司的成立是基于世界银行的建议和要求。世行的意思是，不希望政府直接干预灌区建设和用水管理，而是希望交由当地民众自主管理，通过公众参与的方式来进行。我是这样理解的。"（2016 年 10 月，皂河灌区马副所长访谈）

为了改善政企不分的管理体制，满足世界银行项目的管理要求，1997年年底，皂河灌区被江苏省水利厅、江苏省农业资源开发局和江苏省财政厅确定为经济自立灌排区试点单位。[3] 1998 年，灌区围绕国家"两改一提高"（即通过灌区节水技术改造和用水管理体制改革，提高水的利用效率和效益）这一中心工作，借鉴国外用水户参与灌区管理的先进经验，1998 年3 月 26 日，经宿豫县编制委员会审批同意，成立宿迁大禹集团皂河灌区供水公司。

宿迁大禹集团皂河灌区供水公司，隶属宿迁大禹集团，与皂河灌区管理所"一套班子，两块牌子"，承担灌区供水管理职能，实行事业单位企业化管理。在运行机制方面，1998 年、1999 年先后经宿豫县、宿城区民政部门登记注册，成立了 18 个农民用水户协会，在灌区实行"供水公司＋用水户协会＋用水户"的灌溉管理模式。皂河灌区管理所负责灌区运行的组织和业务指导，由供水公司承担渠首电灌站、干支渠及其渠系配套建筑物等骨干工程的管理、使用和维护。灌区斗农渠道及建筑物、灌区田间工程的管理、运行和维护由农民用水户协会负责。人事制度方面，在重新核定工

---

❶ 楚永生. 用水户参与灌溉管理模式运行机制与绩效实证分析 [J]. 中国人口·资源与环境，2008（2）：129－134.

❷ 楚永生. 江苏皂河灌区 SIDD 管理模式运行机制与绩效实证分析 [J]. 太原理工大学学报（社会科学版），2007（4）：6－10，21.

❸ 周其全，彭伟. 皂河灌区十年改革体制优势凸显 [J]. 江苏水利，2008（6）：44－45.

作岗位和人员编制的基础上，引入激励竞争机制，实行竞争上岗，择优聘用，全员合同管理，岗位薪酬制度，实现了机构精减，队伍高效。对改革中的落聘人员，通过灌区水土资源开发利用等途径，最大限度地进行分流安置，以维护职工队伍稳定，减少社会矛盾。

世界银行项目引入之前，灌溉系统由隶属于宿豫县水利局的皂河灌区管理所负责运营和管理。项目启动之后，原灌区管理所辖的干、支渠及其建筑物等固定资产、皂河渠首电灌站等进行资产核查登记，移交供水公司管理。❶供水公司设立董事会，其成员由原宿豫县水利局、皂河灌区管理所以及用水户协会代表组成，原宿豫县人民政府任命董事长。董事会任命总经理，总经理提名副总经理，并经董事会批准。公司内部设立总经理室、行政科、工程灌排科、财务科和机电科。供水公司的主要职责是吸纳灌区管理所原有的相关职能，主要负责建设和营运干、支渠的进水口和出水口，调度干支渠灌溉用水，培训用水户协会代表，向用水户征收水费。对征收的水费，公司设立单独的账户进行管理。水利工程的建设资金则由政府设置的账户划出，灌区与供水公司在财务上实行相互独立。在配水方面，灌区没有成文的规定，通常是灌区或供水公司根据各个支渠所在地农户的作物收割、土地整理等情况，确定灌溉的顺序，进行轮灌。当支渠有水时，所有斗渠的进水口全部打开，农户根据邻居或村里的广播得到的信息灌溉自己的田地，在斗渠进水口安装可移动的流速仪测流，放水员通过检查灌溉情况决定关闭闸口的时间。

有人认为灌区与供水公司虽然是"一套班子，两块牌子"，所谓的"市场化"只不过是一个幌子。但是从调查来看，灌区与供水公司事权划分清晰，而且其内部的组织结构并不影响他们对外的独立行为。也就是意味着，在市场参与中，供水公司对外独立承担责任，更好地迎合和融入农田水利的市场化竞争。

四、本土实践：自主管理灌溉模式

20 世纪 80 年代以来，农村的经济模式发生变革，家庭联产承包责任

---

❶　张兵，王翌秋. 农民用水者参与灌区用水管理与节水灌溉研究：对江苏省皂河灌区自主管理排灌区模式运行的实证分析 ［J］. 农业经济问题，2004（3）：48－52，80.

制和统分结合的经济体制对农业生产起到激励作用，农村生产力得到大幅提升。然而，灌溉和用水管理体制未随之变化，仍采用政府集体式的管理模式。这一模式下，农田水利基础设施的运营和用水管理主体不明，责任模糊。农田水利设施年久失修、用水秩序紊乱、水资源浪费等问题接踵而来，导致灌溉面积逐年减少、农业产量下降。

为了缓解农业生产困境，各地纷纷于 20 世纪 90 年代起，尝试各种形式的用水管理体制改革。农民用水户协会正是改革的重要产物。农民用水户协会作为农民用水管理组织，是 20 世纪 90 年代我国农业用水管理体制改革过程中的舶来品，对我国农业生产起到积极的推动作用。❶ 农民用水户协会的中国实践由点及面，徐徐展开，经历了从自我摸索、借鉴域外到本土普及三个阶段。

农民用水户协会的建立，既有本土需求，亦有外部压力。外部压力来源于世界银行将试点用水户协会作为批准贷款的前提，进而推动我国参与式灌溉管理体制的实践。

如果想使用世界银行贷款，必须成立用水户协会。（2016 年 10 月，皂河灌区马副所长访谈）

依照世界银行节水灌溉贷款项目的要求，湖北省漳河灌区和湖南省铁山灌区于 1995 年设立农民用水户协会，展开试点，效果良好。❷ 在此基础上，用水户协会在世界银行项目内广泛组建和运营，随后，在世界银行项目区内逐步形成了"世行模式"的农民用水户协会。❸ 在我国"利用世界银行贷款加强灌溉农业二期项目"中，山东、河南、江苏、河北、安徽五省开展用水户协会试点。在二期项目中，灌区不断摸索和总结，形成贴合中国实际的自主管理灌区的管理模式，成效颇丰。❹

皂河灌区的灌溉改革大体分为三个阶段：一是试点阶段。1998 年，皂河灌区被江苏省水利厅列入"SIDD"试点，对灌区管理体制、运行机制、

❶ 张庆华，王艳艳，孟夏，等. 灌区农民用水协会规范运行的考核方法 [J]. 灌溉排水学报，2008（1）：123－127.

❷ 杨燕伟，王红雨，路瑞利. 宁夏引黄灌区按水文边界组建 WUA 合理规模的探讨 [J]. 中国农村水利水电，2010（4）：26－29.

❸ 张越杰，田露. 吉林省世行模式农民用水协会监测评价与发展建议 [J]. 吉林水利，2009（12）：78－82.

❹ 杨建中，王桂琴. 发展农民用水者协会的思考 [J]. 北方经济，2007（22）：93－94.

人事制度等进行了全方位的改革探索，初步形成契合灌区实际、科学化的运营模式。二是推广阶段。在皂河灌区成功试点，取得初步经验的基础上，灌区改革工作在全省大中型灌区全面推开。各地以皂河灌区模式为蓝本，充分引入群管机制，组建灌区用水户协会，作为灌区管理的新生力量。灌区着力理顺管理关系，按照分级管理的精神，明确灌区管理机构、乡镇政府、行政村（居）和用水户协会在灌区运行管理中各自应履行的职能和承担的责任，做到事情有人做，工程有人管。克服资金不足、矛盾复杂等困难，大力实施内部人事分配制度改革，增强活力，提高效率。皂河灌区按照水文边界，在其所在地县民政部门，18 个农民用水户协会登记注册，入会农户计 44600 户。❶ 三是完善阶段。伴随社会主义新农村建设的不断深入，农村基础设施建设投入大幅提高。围绕这一新的形势，灌区进一步加大了改革推进力度，针对改革中尚不完善的环节，强化调查研究，深入剖析问题，制定可行措施。在建设节水改造工程和相关配套工程基础上，灌区灌排工程的能力得以大幅提升。这一系列改革措施不仅使得农业增产、农民增收，有效地保障农村稳定，而且还改变水资源的利用方式，实现集约利用。

皂河灌区的用水户协会是和当地的实际情况很好地结合的农民用水合作组织，在当地有生命力，在农户中有凝聚力，发挥了管理的实效。数十年实践表明，以用水户协会为核心的参与式灌溉管理体制改革是大势所趋，符合国情和发展需求。世界银行专家，水利部、财政部、国家农业开发局高度肯定参与式灌溉体制改革的成果。

1998 年正式开始世界银行项目，但实际上，我们早在 1994 年就开始与省农开局接触了。1995 年项目开始运作，一开始就成立了农民用水户协会。从 1998—2001 年，我们开始进行大型灌区改造工作，其中 2001 年是第一期大型灌区改造。灌区用水的改革采用了"灌区＋协会＋农户"的模式，这是一种去行政化的管理模式。在这方面，皂河灌区做得比较好。协会下面设有分会、用水组（斗渠级的），然后是支渠，我们聘请用水户代表来参与用水管理。（2016 年 5 月，皂河乡镇曹副镇长访谈）

---

❶　楚永生. 用水户参与灌溉管理模式运行机制与绩效实证分析［J］. 中国人口・资源与环境，2008（2）：129－134.

纵观用水户协会在中国实践的过程中，不难发现农业灌溉改革中的制度掣肘和挑战。依托世界银行项目建立的自主管理灌排区，需要中央、省级、地方各层级政府的政策支持和资金保障，包括更新改造渠系的拨款。❶域外的经验加本土的实践共同促使灌区灌溉管理的稳步推进。

第三节　公众参与路径：农民用水户协会

农民用水户协会运行具有地方色彩，各地在组建和运行过程中的差异较大，既有成功的案例，也有失败的个案。各用水户协会之间的运行差异，以及造成差异的社会环境方面的因素到底有哪些？需要进行精细化分析。皂河灌区作为成功典范主要的经验在于农民自主参与、组织运行规范等一系列因素的有效实施。

一、运作基础：凝聚农民共同利益

进入 21 世纪，农田水利建设和投资进入了瓶颈期，主要面临的问题首先是田间工程配套差，渠灌区田间工程配套不全，老化失修严重，渠道完好程度差。这些情况不仅增加了灌区的运行费用和人员的劳动强度，苛以农民重负，还浪费了水资源。其次，由于灌区田间工程水利设施产权性质为集体所有，在管理上由灌区统一协调，乡村进行配合管理。然而，责、权、利不明确，导致农民不想管、管不了，不进行投入，使得工程无法正常运行。即使农民有投入意愿，但缺乏足够的资金，运行管理仍陷于困境。供水收益的降低进一步加大了灌区供用水管理的阻力，原本科学化、计划性的供水管理体制遭受重创，水资源浪费严重。

由于基层水管组织的成员都是农民，其文化水平和综合素质普遍较低，亟须相关组织对其进行统一规划和管理。农民用水户协会的成立，一方面有力地解决了农田水利工程缺少有效管理者的困境；另一方面可应对农田水利工程年久失修、管理不善的难题，激活农村水利工程运行新机制。用水户协会通过提升农民在用水管理中的参与度，自力更生地参与到农田水

---

❶ 穆贤清，黄祖辉，陈崇德，等. 我国农户参与灌溉管理的产权制度保障［J］. 经济理论与经济管理，2004（12）：61-66.

利工程的建设和运营中去。这一制度设计坚持公正、公平、公开、透明的原则，通过实行水务公开、财务公开、民主监督，充分落实民主决策和民主管理，充分调动农民参与积极性。在用水户协会自主管理基础上，政府通过引导和规范协会运作，使得管理科学化、精准化，规范用水计量的措施，增强水资源利用率。政府通过用水户协会的自治管理，重构符合实际需求的用水秩序，严厉防范偷水、抢水等不合理的用水行为。此外，通过用水户协会，有效缩减了水费征收环节，不合理的负担和搭便车行为大幅减少，从而减少用水秩序和水费征收上的矛盾和纠纷，为建立和谐社会发挥积极作用。农民参与用水户协会使得水利工程建设和管理更具目标导向性，这不仅大幅提升了灌区运营效率，提高了工程的综合效益，而且为农民减轻了负担，同时促进了农业增产。

用水户协会是以服务于灌排为宗旨的组织，由农民为满足自身用水需求而独立、自愿建立。协会实行农民自我管理与服务的模式，农民是组织运行的主体。用水的农民对用水户协会的影响因素有以下三点：一是农民对用水户协会所提供资源的需求程度；二是协会内部成员自身的特点；三是处于不同阶层的农民对用水户协会的影响不同，如普通用水户和用水户协会的管理者的诉求和影响作用方式不同。❶

用水户协会组建的目的就是提供农民所需的公共产品。用水户协会提供的资源越多，质量越好，就越是符合农民的期望和需求，也越是受到农民的欢迎，这是一种正比例关系。农民对用水户协会提供资源的需求越是迫切和强烈，对协会的参与度越高，越是热情和积极，其影响也会越大。

农民自身所具备的特点，如文化程度、同质性程度以及农民之间的纽带关系对用水户协会也会产生影响。一般来说，如果农民拥有一定的文化程度，传统社会意识就会比较淡漠，思想就比较开放，接受新事物的能力快且比较理性。如此一来，对于成立用水户协会这种新的社会组织的态度比较理性。同质性指的是农民之间的相似性，在职业需求、经济状况等方面越相似，越容易形成共同的价值观和社会认同感，也就越容易联合。农民之间大多是以血缘和地缘为纽带。以血缘为纽带的色彩越强烈，越是容

❶ 徐成波. 我国农民用水户协会的运行形态及其思考［J］. 中国水利，2010（5）：21－24.

易形成小团体,导致家族式的企业管理方式,形成任人唯亲的局面。而以地缘为纽带,则会形成较亲密的邻里关系。实际上,这两种纽带并非截然分开的,通常是糅合在一起的,这些因素也会对用水户协会产生影响。

不同的用水户,对用水户协会的影响也大不相同,普通用水户是参与主体,起基础性作用,而精英阶层肩负管理职责,掌握更多资源,起关键性作用。❶ 虽然两者都影响用水户协会的运行以及政策的设计制定与执行,但是两者的权力不同,其影响也不同。权威的领导阶层是社会组织基本构成要素,在农村,农民组织化程度的提高离不开"农村能人"和"挑头人"。"挑头人"具有较强的威望和组织协调能力,能够在精神上感受和号召村民,而"能人"则通过突出的专业技能,比如维护水利工程、传播灌溉知识等,让村民产生知识的依赖感。"挑头人"和"能人"的合作,能够发挥各自所长,凝聚村民,集中力量办大事。❷

具体到皂河灌区来说,当地农民种植的水稻对水资源需求量大、需求频率高,因此当地农民对用水户协会提供优质高效的水资源有迫切需求,会积极地参与到用水户协会的运行管理中,用水户协会在当地取得了较好的社会效应。另外,农村"能人"的作用不可忽视。王学秀对用水户协会的成立和运行影响较大,在用水户协会的成立、运行及发展过程中发挥了促进作用,助力协会逐步建立并发展壮大。

二、协会建立:灌区农民民主参与

用水户协会是用水户参与灌溉管理的组织载体,用水户参与灌溉管理以"参与"为主体,而"参与"绝不等同于形式上的出席。"参与"本身主要包括一些重要的因素:即农民参与或妇女参与,实际上包括更广泛的内涵,如在决策及选择过程中的介入、贡献与努力、承诺与能力、动力与责任、乡土知识与创新、对资源的利用与控制、能力建设、利益分享、自我组织及自立等方面,任何发展努力若在这些方面不能得以体现,那将称不上是真正的参与。❸作为参与式灌溉主体的用水户是否能够真正"参与"到

---

❶ 徐成波. 我国农民用水户协会的运行形态及其思考 [J]. 中国水利, 2010 (5): 21 – 24.
❷ 阮成, 胡润华, 杨超. 农民组织化:理论分析与现实困境 [J]. 乡镇经济, 2007 (10): 47 – 49.
❸ 叶敬忠, 陆继霞. 论农村发展中的公众参与 [J]. 中国农村观察, 2002 (2): 52 – 60, 81.

决策和选择过程之中，这对协会的组建也提出了考验。

从我国乡村内部结构来看，乡村社会各方面处于相对平衡状态，在非外界因素干扰下保持不变，并且外部力量也很难打破其内在的稳定状态。按照世界银行要求建立起来的用水户协会，在移植到中国农村社会后，能否发挥其效益有待考验。但是，民主参与是有效参与的基础条件。按照既有的规定，用水户协会的组建程序（图 4-1）充分体现了民主参与的属性。用水户协会强调工作方法的改变，在既有的政策环境下将"自上而下"的群众被动参与转变为"自上而下，又自下而上"的主动"参与"管理。

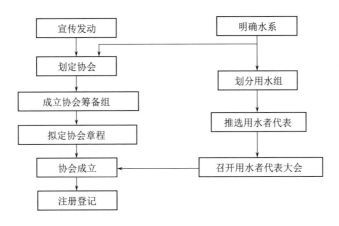

图 4-1　皂河灌区农民用水户协会的组建和运行程序

根据用水户协会的组建程序，可以看到民主参与的面貌，主要体现在以下几点：

（1）科学地划分片区，保障参与农户利益的共同性，奠定民主协商的基础。依据水文边界划分用水户协会。用水户协会的地域范围是在领导小组依据水系分布的水文边界确定的，如以支渠或分支渠为水文边界划定协会，这是划分协会地域范围的基本原则。❶ 当水文边界与行政村存在冲突，应以水文边界为准。这样做有利于 SIDD 的运行管理，便于用水计量、水费收缴和协会内渠道工程的管养。在划分协会的过程中，领导小组要利用灌区管理机构中的干部，深入群众，加强调研，广泛听取意见。

（2）以选举代表制为基础的程序，保障农户的广泛参与。在用水户协

❶　牛红震，王玉娜. 浅谈用水者协会的组建程序［J］. 河北水利，2005（1）：30-31.

会辖区内划分小组，作为选举的基本单元。依据水系结构，考虑历史文化社群关系、地理环境等因素，在协会内设置若干个用水小组，如以斗渠或农渠水文边界划分用水小组。根据乡、村干部掌握的情况和农民群众的意见，以用水组为单位推荐1～3名用水户代表候选人，再根据他们的思想品德、文化程度、工作能力和群众威信等条件，由用水小组全体会员选举产生用水组首席代表。

（3）政府人员参与用水户协会，引导农户理性地磋商，提高农户民主参与质量。在用水户协会成立的准备工作阶段，经拟建协会所在地方政府批准成立农民用水户协会筹备组。❶ 筹备组成员由当地政府官员、水行政主管部门、水管理单位及有关村、组干部组成，具体筹划成立协会的准备工作。

（4）执委会的成立，有助于集中农民分散利益，充分表达农民民主意志。依据协会章程，SIDD领导小组组织或协助用水户协会筹备组召开用水户代表大会，采用无记名投票、差额选举的办法，选举用水户协会执委会成员。执委会成员控制在3～5人。经执委会成员协商确定分工，一般设协会主席1名、副主席1～2名，会计和工程管理员可由副主席担任，也可另聘。执委会充分代表用水户代表大会，执行用水户代表大会的决定，提高用水户协会的行动效率。

综上所述，用水户协会通过内部治理结构和外部选举流程，确保辖区内农民的民主参与，并积极投入到农田水利建设中。

三、制度约束：建立合理的奖惩机制

社会组织是由具有共同目标的群体自发、自愿组织的集体。在性质上，农民用水户协会属于社会组织，隶属于民政部门和主管部门的双重管理。皂河灌区的用水户协会正是农户利益整合的平台，通过与灌区、供水公司的有效协商，实现参与农田水利建设的决策、商议水价等组织目标。在用水户协会运营过程中，需要整合和运用组织的各类要素，使其共同服务于参与农田水利建设这一目标。在组织过程中，决策、激励与惩罚显得非常

---

❶ 费秀吉，许海. 经济自立灌排区组建程序初探 [J]. 山东水利，2002（9）：33－34.

重要，它们都是实现组织目标不可或缺的因素。❶

灌区的农民用水户协会，作为农民自主决策、自主管理、自主监督的自治组织，在决策中最为关键的两个问题：一是农民决策权利的落实与保障；二是构建民主和科学决策的机制。❷

通过走访调查发现，皂河灌区的农民用水户协会人事权和财政权都由灌区主导，存在长期高度的依附关系，不能完全意义地独立运行。农民用水户协会在灌溉管理过程中实行执委员调度管理责任制，调度管理按计划供水、用水申报、合理调配、分段计量的方法实施。每年 3 月由各分会或用水小组组织各用水户填写《年度用水申请表》，报协会汇总。协会依据此供求量确定年度用水计划，报供水单位并与其签订供水合同。每轮灌溉前，由各分会或用水小组根据农作物需水情况向协会报告并办理本轮灌溉用水计划，包括用水时间、流量及总水量。严格灌溉调度，每轮灌溉应提前 48 小时申报，用水量增减提前 12 小时申报。供用水按计量确认，应双方在场，做好记录，双方签字。由此可见，用水户协会通过与用水小组或分会，实现与农户的定期沟通，但计划报告制度仅是单向沟通，是一种被动的约束。实践中，用水户协会还应实现更强的主动管理能力，约束农户和用水小组。

用水户协会构建约束农户和用水小组的制度基础是科尔曼（Coleman）所创设的"理性人"理论，即旨在解释追求最大效益为动机的个人行为。❸ 人的天性是趋利避害，追逐利益，逃避风险。理性与效益的内涵并非仅具有经济特质，更包括社会价值评判，如声望、荣誉等利益。❹ 在此基础上，皂河灌区用水户协会构建约束制度的路径，可遵循乔治·霍曼斯围绕解释人类行为提出的六大命题：一是成功命题。一个人的特定行为越是经常受到奖励，这个人就越可能采取这种行为。霍曼斯认为人会趋利避害地对待被评价过的行为，并据此选择行动或逃避。二是刺激命题。如果一个行为

---

❶ 周雪光. 组织社会学十讲［M］. 北京：社会科学文献出版社，2003：112.

❷ 穆贤清，黄祖辉，陈崇德，等. 我国农户参与灌溉管理的产权制度保障［J］. 经济理论与经济管理，2004（12）：61-66.

❸ 杨善华，谢立中. 西方社会学理论（下卷）［M］. 北京：北京大学出版社，2006：28.

❹ 潘华，卓瑛. 理性与感性的双重变奏：新生代农民工定居县城行为研究［J］. 兰州学刊，2010（5）：65-68.

的刺激与奖励相关联，那么新的刺激与之前类似，人会选择重复这一行为。三是价值命题。个体会选择从事对其具有价值的行为。四是剥夺-满足命题。价值通常与报酬关联，但若在特定时期，报酬被持续给付，那么其所表征的价值会丧失。五是攻击-赞同命题。行为价值评判与个人预期相关联，如果与个人预期的激励一致，则个体会赞同和重复该行为。反之，如果不一致，个体则会采取相反的攻击行为。六是理性命题。个体的理性分析工具是预期的结果与结果发生的概率之间的乘积。乘积越大，行动可能性越大。反之，行动可能性越低。❶ 概括之，霍曼斯的路径是以激励为基点，采用给予和剥夺两种调控手段，引导理性人作出适当的抉择。

由此，为了调动社会组织内部成员的积极参与性，实现组织内部成员的公平，激励与惩罚是制度约束的重要内核。灌区内部的农民用水户协会，通过自主制定的章程，纳入明确的奖惩制度。以皂河灌区七支渠的农民用水户协会为例，其奖惩制度里面对于包括闸、护坡在内的灌溉工程、用水分配、水费缴纳等方面的奖惩给出了规定和说明（表4-2）。

表4-2　皂河灌区七支渠农民用水户协会关于用水奖惩规定

功能	内　　容
惩罚	第三条：凡在渠道上任意扒口、拦水者按偷水论处，每次罚一百元至五百元，并按实际水方追补水费
激励	第九条：协会每年终召开代表大会，对灌溉工程管理、水费收缴，成绩突出的用水组和用水者，给予表彰和奖励
激励	第十条：本协会对爱护工程、交纳水费、集资办水利成绩突出的会员，随时表彰和奖励

注　《皂河灌区七支渠农民用水会协会章程》。

从有关奖励和惩罚的条款数量来看，章程过分强调惩罚而轻视激励。这一现象在用水户协会中，虽然能够对农民有一定的威慑力，阻止他们从事危害农田水利的行为，但一定程度上抑制农民参与热情。霍曼斯在解释人的社会行为时，强调"刺激-激励"的行动逻辑，肯定激励在日常生活中的重要性。为了激发农民参与的热情，大力推进参与式灌溉管理体制，更

---

❶ 黄晓京. 霍曼斯及其行为交换理论［J］. 国外社会科学，1983（5）：70-73.

多的激励措施应当被恰当地运用。惩罚只是出于维持灌区的正常运行，是一种底线，而奖励的目的是使农民积极参与，与用水户协会成立的核心主旨一致。

四、多方协力：强化与供水公司合作

社会组织无法脱离特定的社会环境，社会环境对组织运作的影响是巨大的。❶组织的环境包括组织的成员、制度等组织内部的环境和相关的政策、相关的资源、相关的制度和文化等组织外部的环境。作为社会组织的农民用水户协会，供水公司是影响其组织运作的外部关键因素之一。

在用水户协会建立之前，供水单位通过基层政府部门直接与用水户打交道。建立了用水户协会后，协会就充当供水公司与用水户之间的中介，由它负责和用水的农民直接打交道。这样一来，用水户协会作为中介组织，沟通用水户和供水公司，并使得基层政府逐步淡出管理体制。❷那么，它们之间到底是一种什么样的关系？

原则上，用水户协会和供水公司是平等的买卖双方，供水公司按供水计划批量批发水给用水户协会，并向其收取相关费用。❸但从实地调研来看，皂河灌区的用水户协会和供水公司的关系并非如此。由于皂河灌区的用水户协会是由供水公司一手扶持建立起来的，协会的办公室、经费以及人员都主要是由供水公司主导，因此用水户协会不能完全独立，严重依赖供水公司。

供水公司对资源具有高度垄断性，用水户协会为了分享资源，对其具有高度依赖性。然而，按照资源依赖理论，依赖必然会产生权力。资源依赖理论旨在分析组织间享有的资源关系以及对组织运行的影响。❹爱默森（Emerson）曾经指出，一个组织在资源上过分依赖其他组织就会生成权力，即过分依赖会丧失权力。一些学者基于开放的观点提出了组织的资源依赖理论。组织要借助外部资源而发展，但资源依赖如果严重，

❶　张康之. 论组织环境控制追求的终结 [J]. 南京社会科学，2014（6）：64－72.

❷　徐成波. 我国农民用水户协会的运行形态及其思考 [J]. 中国水利，2010（5）：21－24.

❸　刘凤丽，彭世彰. 灌区参与式管理模式探讨 [J]. 水利水电科技进展，2004（2）：63－65.

❹　程新章. 组织理论关于协调问题的研究 [J]. 科技管理研究，2006（10）：231－235.

那么权力就应运而生。❶ 一旦组织高度依赖资源，并因此而遭受威胁，那么它会主动去减少对外部资源的依赖。组织减少依赖和不确定性的策略有成为行业协会成员、根除行业垄断、与垄断者签订长期合作合同等措施。❷

用水户协会和供水公司互为组织的外部资源，其沟通方式为供水公司给用水户协会提供水资源，用水户协会支付水费给供水公司。而在皂河灌区，供水公司为用水户协会提供水资源以及其他许多资源，造成用水户协会严重依赖供水公司，因此供水公司的权力远远大用水户协会。用水户协会也感受其运行受到供水公司的严重影响和制约，要解决这个问题，走出困境，关键是维持用水户协会运行的资金要有保障。但是，在实力悬殊导致的地位不平等难以解决时，供水公司应加强与用水户协会的合作。用水户协会建立的初衷，在于协调和整合农户利益，加强供水公司、灌区与农户沟通。在此意义上，用水户协会和供水公司利益趋同，都是为了确保水资源开发和利用的高效。

第四节　公众参与的成效

皂河灌区是世界银行在水利部节水灌溉项目推行中广泛推介的样本灌区。根据长期的实地调查，皂河灌区在引入农民用水户协会参与农田水利灌溉以来，成效主要表现在相关利益群体的协调、农民节水意识的增强和公众参与水费制定和征缴这几个方面。

一、多方博弈：群体利益协调

在传统灌溉体制下，农民和政府、农民和农民之间因为用水问题频发。在中国改革过程中，社会关系盘根交错，发轫于社会冲突的群体性事件屡见不鲜。不断增长的群体性事件迫切要求我们去思考个人与社会的互动问题。

单个原子化的个人力量薄弱、微小，难以与强大的国家进行力量抗衡。

---

❶ 周雪光. 组织社会学十讲［M］. 北京：社会科学文献出版社，2003：287.
❷ 王思斌. 社会学教程［M］. 北京：北京大学出版社，2004：128.

在个人与国家的互动过程中，个人有时会面临被忽视、侵犯的危险。个人结成社会组织，增加了其与国家谈判的社会资本，有利于保持平等地位。农民用水户协会的建立，使得与灌溉相关的问题可以通过协会来调节或解决，其作为中介者的角色，充当了释放社会不满的工具，发挥了安全阀的作用。

农民因其自身能力不足和掌握资源的有限性，长期在社会中处于弱势群体地位，随着社会和经济的高速发展，无法真正参与到经济决策、社会管理中，被社会逐渐边缘化。农民用水户协会则将分散的农民有机地组合，增强他们的话语权。社会组织是具有相同利益人群的集合，不同的社会组织反映不同的利益需求。❶ 由此，个人利益内嵌于组织利益之间，唇亡齿寒。组织利益的最大化实现，恰恰是对组织内个体利益的有效保障，能够激发成员热情和潜力，增强组织内的向心力，进而又反哺于组织利益进一步扩大。❷ 这是一个双向反馈的过程。

尽管组织成立的基础是成员内的共同利益，但无法了解这统一性背后的个体差异性，比如成员需求的主次、需求阶段性变化等。由此，组织内的碰撞和冲突是不可避免的。强化组织成员的合作，通过制度设计求同存异是实现共同利益目标的必要条件。用水户协会作为团结农户、实现灌溉需求的组织，亦具有组织内的冲突。虽然农民都有着灌溉的相同需要，但是由于农户的经济条件不同、土地拥有数量不同、距离灌溉水源的远近不同等，农户的具体目标、需要、利益等方面存在一定的差异，因此，用水户协会肩负调节内部各种分歧和冲突的重任，从而保证灌溉的顺利实现。对外，农民用水户协会也协调了基层政府与农民之间的关系。用水户协会建立之前，基层政府部门在征收水费时，通过捆绑收费，增添农民负担。随着用水户协会的建立，基层政府退出水费征收，农户水费直接交给用水户协会或灌区。水费征收改革可能会触碰到一些乡镇部门的利益，用水户协会工作进行得较为艰难。因此，为了推进参与式灌溉管理体制改革，推广农民用水户协会成功的经验，上级政府的政策支持、试点改革的成果宣

❶　陈庆云，曾军荣. 论公共管理中的政府利益［J］. 中国行政管理，2005（8）：19 - 22.

❷　张继如，王振涛. 论组织公民行为的成因及引导策略［J］. 内蒙古大学学报（人文社会科学版），2007（6）：116 - 120.

传、乡镇干部政治大局意识的提高，缺一不可。❶

农民用水户协会作为一种参与式管理的制度化组织形式，能充分调动广大农民参与的积极性、主动性和创造性。在协会内部，农民通过不断的交流与沟通，促进了相互之间信任与互惠，增强了组织成员的凝聚力与向心力，增加了农民的社会资本。

用水户协会成立之前，当地村民之间因为用水问题的冲突时有发生。作者在皂河灌区管理所对王学秀书记访谈时，王书记介绍说：

"在大集体时期，农业生产实行轮灌制度，且时间跨度长。土地到户后，人人都想在夏季之前一次性栽好水稻，这导致了各种矛盾重重，包括供电不足的矛盾、户与户的矛盾、村与村的矛盾、乡与乡的矛盾。此外，灌区与乡、村、户的矛盾也日益凸显。"（2010 年 12 月，皂河灌区王学秀书记访谈）

随着用水户协会的成立，灌溉用水的公平性问题得到了解决，灌区基本可以满足每个农民的灌溉要求，因而农民之间的用水冲突几乎不存在了。然而，用水户协会这种平等、公正的新的灌溉管理模式，提高了弱势群体的社会地位，减少了社会冲突，维护了他们的利益，促进了社会的公平与和谐。在用水户协会的章程中，规定了所有用水户成员自愿加入协会，具有平等的选举与被选举权，促进了男女性别平等，提高了所有用水户的参与意识。加入协会的农民，不论贫富、性别差异，具有相同的权利与义务，这就保证了妇女、穷人等弱势群体的平等参与权，提高了他们的社会地位。

目前，农村的土地以家庭为单元实行承包责任制，而男性户主多外出务工，因此，农村妇女在农业方面的（如放水、管理等）的参与比重提升，对于与农业紧密相关的灌溉活动，妇女的参与是必要的。用水户协会恰好提供了这样一个合适的场域，有利于发挥妇女在农业生产中的作用。如皂河灌区八支协会主席，就是由 1 名女同志担任，凡湾及干开斗协会中也有女同志担任执委会成员。在其他灌区，女性和贫困人口在协会中的比重也不少，同时他们也在用水户协会内担任了一定的职务。

❶ 穆贤清，黄祖辉，陈崇德，等. 我国农户参与灌溉管理的产权制度保障［J］. 经济理论与经济管理，2004（12）：61-66.

妇女、贫困人口参与协会的决策以及在协会中担任一定的职务有利于提高其社会地位。

在灌区成立用水户协会之后，农民主动参与到农田水利工程的建设中来，主要表现为：第一，积极参与工程建设和工程承包。2009 年，用水户在用水户协会的带领下，积极参与骨干工程建设，完成土方工程量 362 万立方米。在田间工程建设中，用水户协会发挥田间工程管理的主体作用，积极组织用水户参与田间工程建设，已完成土方 42 万立方米，清淤 54 万立方米，保证田间工程建设和渠道通畅。❶ 此外，用水户协会还发动用水户参与工程的有偿承包与管护，斗渠以下的田间工程基本上由用水户承包管护，从根本上解决了田间工程无人管的问题。第二，积极参与灌溉基础设施的维护、修缮。笔者在调查中了解到，1949 年之前皂河地区水灾严重，农业灌溉等基础设施主要是靠家族组织来维护，没有正式组织负责，主要依靠绅士、地主领头的家族式组织来维护与疏浚河道等。尽管当时全国各地模式不尽相同，但在乡村基本都是靠有钱和有权威的人来维护和管理农村的水利工程。新中国成立后，灌区由政府投资建设，并由政府部门负责管理，导致农村的水利工程，特别是末端的渠系等设施有人用、没人管。农民认为这些设施是公家的，自己不用管护，这导致灌溉设施老化、损害严重，许多灌区的斗渠和农渠无法正常投入使用。用水户协会建立后，情况大为不同。每个支渠上写有承包人的名字，这些承包人有社会上的人，也有当地的村民。承包人可以在支渠附近栽树，树的收益属于承包者。同时，承包者的义务是负责这些支渠日常的维护和清淤，这样一来使得灌溉末端的基础设施得到了有效的维护和改善。

二、观念转变：节水意识增强

灌溉末端基础设施的有效维护和改善从硬件上保证了农民灌溉用水，但是仅仅有良好的灌溉设施是远远不能保证农业灌溉用水的有效使用，农民需要在理念上进一步提高节水意识。根据实地调查的访谈资料，农民的节水意识增强主要表现在：一是量力用水，及时缴费。过往，农民

---

❶ 资料来源：《皂河灌区 40 年工程建设与管理总结》。

会常常不按规定用水，导致总体用水量的上升水费的增加。经济收入欠佳的农民拖欠水费时有发生。然而现在，拖欠水费现象大大减少，恶意拖欠水费的农户占少数，大约只有2％左右的农户拖欠。对于交不起全部水费的农户，可以允许他们少交点，而真正不交的农户不到1％。二是农民有意识地投入到灌溉渠道的改造。在宿迁市建市初期，由于灌区的建设年代久远，运行时间较长，后续投入不足，全市主要大中型灌区普遍存在工程配套率低、破损严重，运行不畅、效率不高等问题，水资源利用粗放、浪费突出。农民长期以来忽视对用水技术的改良，这也进一步影响了农业用水效率的提高。通过渠道的改造减少了水的渗漏，大大降低了干渠与支渠水输送过程中的损失。根据相关统计数据，目前干渠水利用系数提高到98％，支渠水利用系数提高到97％，田间渠道水利用系数大80％。❶

　　由此观之，农民的节约用水意识得到显著提升。通过改乡镇代收为一票直接收费到户，使用由税务部门监制的农业供水专用发票，提高了水费征收的透明度。水费收取率由81％提高到98％。此外，灌区印制节水型灌区培训材料20万份，水利法规宣传材料5万份，发放到灌区全体农民用水户，提高全社会对建设节水型灌区的认识，增强用水户节水意识。促成这一转变的影响因素是多元的（图4-2）。

图4-2　促进用水户节水意识提升的影响因素

　　围绕用水户协会的建立，多重的制度改革接踵而来，可从以下政策和制度规范上切实提升农民节水意识：

---

　　❶　资料来源：《皂河灌区40年工程建设与管理总结》。

首先，改变一锤定音的水费确定方式，加强用水户对水费征缴的参与度，提升主人翁意识，真切地感受到节约水资源的必要性。通过改变平摊水费的征收机制，培育农户的节水意识，提升农业的单位效益。用水户协会成立之前，灌溉系统属于政府部门管理，受政治体制的制约，旧的灌溉管理形式运行管理不规范，农户很少参与，其意愿和用水需求难以得到真实反映。用水户协会成立后，全体用水户负责管理、运营和维护斗农渠及其建筑物和田间工程。农民通过用水户协会，能充分反映需求，调动生产积极性，实现资源高效配置的同时，体现自我管理和自我维护，形成良性循环发展的局面。❶ 在参与式灌溉管理体制改革中，用水户享有对事权和财权的把控，能够参与决策、管理和使用财产。这样一来，农民的角色地位发生了根本的变化，由被动选择到主动参与，主人翁意识和责任意识得到提升。

其次，协会实施宽严相济的水费减、免、缓等优惠政策措施。一方面，通过优惠政策保障经济收入欠佳的农户用水权益；另一方面，用水户协会监督这类群体的用水情况，一旦发现不恰当的用水，立刻取消优惠政策，防止"搭便车"的情形发生。宿迁是一个经济欠发达的地区，农业是其支柱产业，农业生产是农民重要的收入来源之一。为了保障农村的弱势群体，尤其是以农业为生的贫困群体，改善农业灌溉设施，提高农业产量，增加农民收入是重中之重。

最后，改变灌溉用水分配办法，实现灌溉到农户，放水到田块，这大大提高了水费计量的科学性，避免了"大锅水"现象的重现。在传统的管理体制下，灌区沿用"计量到支渠首，按方收费到乡"的管理办法。这一体制的弊端在于支渠以下，按人头平摊水费，共饮"大锅水"，导致民众节水意识淡薄。用水户协会推行用水户参与灌溉管理，按方计量到协会，实行按方收费，在核实用水面积的基础上，实行一票收费到户，节约了水资源。农民看到用水量直接关系到自家水费的支出，节水意识增强，一定程度上提高了灌溉水的利用效率。

由此观之，用水户协会的建立使得农民积极地参与到了灌溉中，对水

❶ 周新国，李彩霞，郭树龙，等. 河南省灌区末级渠系管理模式及其运行机制研究［J］. 安徽农业科学，2013，41（27）：11217-11221.

费缴纳有了知情权，因而提高了交水费的自觉性。农民参与承包农渠，有利于末端渠系灌溉设施的保护，减少支出，培养农民的参与意识和责任意识，同时增加了农民的收入。在农田灌溉和收水费之前，农民进行水价的听证会，体现灌区参与式管理，提高灌区决策的科学、合理性，提升农民的节水意识，促进农业经济有效发展。

三、民主定价：公众参与水费制定和征缴

尽管世界银行节水灌溉项目促成的经济自主管理灌排区试点和用水户协会的改革成效颇丰，但是在推行自主管理改革的背后，地方水利行政部门的权力色彩仍旧浓厚，希冀建构科层式的组织架构，控制水利工程的建设、营运和管理。❶ 改革背后错综复杂的固化利益，严重阻碍自主化的管理模式改革，用水户协会和经济灌排区面临虚化和空置的风险。为了防止这一风险的发生和扩大，行政权色彩必须淡化，从根本上维护自主参与的管理运行模式。❷ 公众参与水费的制定和征缴正是这一改革的切入口。

为了实现依据成本定水价，国家计划委员会和水利部频频出招，但省级和地方政府为了压制农业生产成本，保障农业生产，通过设定农业用水水价上限，使得水价常低于实际成本。当然，从农民立场出发，水不会变成真正意义上自由交易的商品。实际上，农民用水户协会成立后，大多数用水户协会以大会决议的方式，将水费提高了 5%～10%，以支付渠系的运行和维护费用。

皂河灌区农民用水现行水价主要依据《江苏省机电排灌收费标准核定办法》等文件的规定来征收。水费主要包括工资及附加费、油料及电力费、基本折旧费、大修理费、维修费、管理费、还贷等机电提水费。所有水费收入除了留下手续费外，应全额及时上缴供水公司。如果协会工作人员提高工作效率并提升渠系有效利用率，从而超收水费，那么这些超收的水费可以用于协会的工程维修经费开支。

❶ 刘伟. 中国水制度的经济学分析 [D]. 上海：复旦大学，2004.

❷ 穆贤清. 农户参与灌溉管理的制度保障研究：基于我国农民用水者协会的案例分析 [D]. 杭州：浙江大学，2004.

根据相关政策文件，灌区水价是县人民政府物价部门和水行政主管部门共同确定的，具体包括供水公司、用水户协会水价和用水户终端执行水价❶。从相关数据来看，用水户协会水价基本保持不变，用水户终端执行水价随着用水户水价增长而不断上升（图 4-3）。

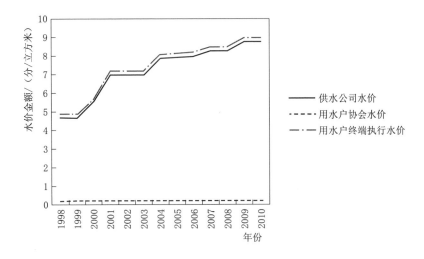

图 4-3 皂河灌区 1998—2010 年水价

数据来源：2010 年皂河灌区工作报告《巩固发展改革改造成果 完善用水户
参与管理 建设节水型生态文明灌区》。

供水公司和用水户协会的水价成本核算内容、考量因素等存在差异：一是成本核算内容。供水公司需要考虑工资及附加费、油料及电力费、基本折旧费、大修理费、维修费、管理费及灌区建设还贷等。用水户协会需要考虑协会人员工资、办公费用、斗渠下建筑物工程维护费等。二是考虑因素。供水公司考虑用水户的实际承受能力，其成本水价在节约用水的前提下逐步到位，从暂不计收到逐步计收基本折旧费和大修理费。❷ 用水户协会则无相关的减少水费的考量因素。

在水费征缴上，以 2002 年七支渠和九支渠用水户协会为例，协会水价测算见表 4-3 和表 4-4。

---

❶ 仝道斌，苗殿云，王学秀. 皂河灌区农民用水者协会水价探讨 [J]. 中国农村水利水电，2001
（7）：19-21.

❷ 同❶。

表4-3　　　　　　　　　2002年七支渠用水户协会水价构成

项　目	经费/万元	备　注
协会人员工资	0.72	协会3人，其中会计由公司委派，2人×400元/（人·月）×9个月
办公费、交通费	0.20	
建筑物工程维护费	5.00	七支渠协会水稻面积10563亩，各类建筑物400座
大修理费、基本折旧费	3.36	80万元×4.2％＝3.36万元
土方工程维护经费	—	协会组织投劳
合计年度成本费	9.28	

数据来源：皂河灌区2002年工作报告。

表4-4　　　　　　　　2002年九支渠用水户协会水价构成

项目	经费/万元	备　注
协会人员工资	0.36	协会2人，其中会计1名由公司委派，1人×400元/（人·月）×9个月
办公费、交通费	0.15	
斗渠下建筑物工程维护费	2.00	九支渠协会水稻面积3826亩，各类建筑物190座
大修理费、基本折旧费	1.68	40万元×4.2％＝1.68万元
土方工程维护经费	—	协会组织投劳
合计年度成本费	4.19	

数据来源：皂河灌区2002年工作报告。

2002年，正值灌区用水户协会建立和运作的鼎盛期，但是即使在该时期，从灌区七支渠用水户协会和九支渠用水户协会水价测算结果可以看出，协会的水价短期内无法按成本收取，协会收取的水价仅能维持日常管理工作和少部分设备维修，自身无法承担建筑物工程维护费和大修理费，只能依赖供水公司支出费用。

为了进一步提高水费征缴率，扩大民众参与面，皂河灌区自1998年供水公司成立以来，在水费的征收方面发生了很大的变化，主要包括收费性质、收费流程、收费方式、收费标准等多项变革，具体如下：

（1）收费性质改革。皂河灌区的收费性质由行政事业性转变为经营性，并需要由物价部门颁发收费许可证。机电费的收缴方式也由皂河灌区原先的行政手段转变为供水公司的企业行为，从而更有利于促进灌区运行的良性循环。

（2）水费征收流程改革。计划经济体制下的水费征收流程为"灌区→乡（镇）农经站→村→组→户"，中间环节存在多征和截留费用的问题，加重了农民负担，不利于实现灌区的经济效益。自灌区用水户协会建立后，水费征收流程为"用水户→用水户代表→首席代表→协会执行委员会→供水公司"，减轻了农民的负担，提高了他们缴纳水费的积极性。为了方便收费工作，用水户代表可以由村民小组组长兼任，首席代表可以由村委会副职干部兼任。

（3）收费方式改革。改革前，灌区农业灌溉的提水费必须经过乡农经站。❶然而，自1998年起，全面改乡（镇）代收水费为一票直接收费到户。供水公司向用水户协会委派会计，会计工资由供水公司负担。用水户协会执委会成员和用水组代表则凭票向用户收费，大大增加了水费的透明度。改革前，水费的核定缺乏透明性，导致相关的政策难以得到落实。用水户协会建立后，行政部门对水费的控制方式从直接干预转变为监督指导，从而确保了水价的稳定性，切实反映了真实的成本。❷

水费改革后，灌区供水公司和农民用水户协会会根据水费的用途，实行预收和收取的分阶段征收。预收水费是在灌溉前，由协会组织人员征收，并上缴给供水公司。预收的水费主要用于营运费用，比如提水电费和维修费用，占全年水费的 $1/2 \sim 2/3$；第二次收费是在灌溉结束后，根据实际的用水量和核定的水价，由用水户协会直接到户收清。❸此外，灌区提倡预

---

❶ 俞双恩，高海菊，王学秀. 皂河灌区管理体制改革方案探讨［J］. 水利经济，2005（3）：39-41，67.

❷ 全道斌，苗殿云，王学秀. 皂河灌区农民用水者协会水价探讨［J］. 中国农村水利水电，2001（7）：19-21.

❸ 江苏省水利厅. 江苏皂河灌区农民用水者协会的水价管理［C］. 中澳灌溉水价研讨会论文集. 北京：中国水利水电出版社，2000：144-150.

收水费,并规定每年水费结零时间不得超过 9 月 30 日。

(4)收费标准改革。票据的变化能够反映收费的性质改革,由过去的行政事业性收费收据变为由税务部门监制的宿迁市大禹(集团)有限公司农业供水专用发票,并逐步实行水票购买制度。❶ 通过水费改革,水费收缴变得公开透明,中间环节被取消,有效杜绝了水费多征的问题,用水户缴费积极性显著提高,水费收取率由改革前的不足 80％提高到改革后的 90％以上。1998 年应收水费 425 万元,实收水费 416.5 万元,收取率为 98％;1999 年应收水费 543.3 万元,实收水费 505.2 万元,收取率为 93％。❷

值得注意的是,即使通过上述多重水费定价和征收措施的改革,水费征缴率仍然不尽如人意。由于灌区水价含供水公司和用水户协会水价,其价格受到宏观经济,特别是粮食价格的影响,以及自然灾害的侵袭等各种因素的影响,加上农民支付能力不足,所以从暂不提取水价成本中的基本折旧费和大修理费到逐步提取。上述的因素会直接降低水费征收实缴率,亏本经营依然存在。❸

第五节 本 章 小 结

从 1998—2009 年,面对重重困难,灌区善于借助国际组织的力量和国家政策变迁带来的红利,加速发展农田水利。

1998 年,江苏省农业资源开发局与世界银行合作,引入世界银行节水灌溉项目,为农业发展"筹粮"。世界银行项目作为建设资金的来源,彼时仍旧处于试水阶段,上级政府推广力度大,但地方政府多处于观望状态。世界银行项目的引入,不仅缓解了皂河灌区建设资金捉襟见肘的情况,还为灌区管理难题提供了解决的经验。

20 世纪末,随着我国城镇化和工业化进程加快,"两工"制度被取消,

---

❶ 俞双恩,高海菊,王学秀.皂河灌区管理体制改革方案探讨 [J].水利经济,2005(3):39 - 41,67.

❷ 同❶。

❸ 全道斌,苗殿云,王学秀.皂河灌区农民用水者协会水价探讨 [J].中国农村水利水电,2001 (7):19 - 21.

皂河灌区所辖区域的农民不再将农业生产作为主要收入来源，而是纷纷进城务工，谋求更好的发展。农民参与农田水利建设和养护热情逐渐丧失。长期以来，皂河灌区采取的行政管理模式不再奏效，缺乏对农民参与水利建设的强制力。为了对内调动农民参与农田水利建设积极性，对外满足世界银行节水灌溉项目的管理需求，皂河灌区的模式从强制管理走向参与式管理。其中，建立用水户协会是灌区参与式管理改革的重要举措，是农户参与农田水利建设的重要渠道，也是农民集体行动的平台。在皂河灌区领导的引导下，受益农户全方位参与到农田水利建设中。相较于村委会，用水户协会更具专业性，能够聚集灌溉需求的农民。农民用水户协会与皂河灌区相互依存，但又彼此独立。用水户协会具有民主的建构程序和规范的议事章程。皂河灌区通过农民用水户协会，征询农民意见，为农田水利建设和养护出谋划策。

2001年以来，农村税费改革如火如荼地展开，原有的乡村财政提留分配机制不复存在。2006年，国家更是进一步全面取消农业税。原本取之于民、用之于民的农村水利发展经费严重不足，年久失修的农田水利设施大量存在。农民对于征收水费的排斥与日俱增，不少农民怀抱"搭便车"的心理，缺乏缴纳水费的主观积极性。为了整合多元的农民利益，农民用水户协会肩负"传话筒"之责，对内倾听农民的诉求，对外与供水公司共商水价，参与到水价定价的决策中，从源头上保证水费确定和征收的公平、公正和公开。

用水户协会的成立和运作，一定程度提升了农民参与农田水利建设的热情。但是，皂河灌区的用水户协会不是内生型，而是在世界银行项目的压力下生成，缺乏持续的自主成长动力。此外，灌区农民整体文化素养不高，对国家政策的理解力欠缺，由此导致决策的科学性难以保证。

这一时期的灌区呈现协调型组织特征主要体现在两个方面：一是协调世界银行项目要求和传统的水利管理体制之间的冲突。为了争取世界银行项目资金支持，灌区根据世界银行项目指南建构参与式灌溉管理体制，缓冲两者之间的冲突。二是协调因农民参与度不高，而导致农田水利公益性无法实现的矛盾。灌区通过建立用水户协会，引入农户自主参与，大大提升农田水利建设和管理的效率。实际上，参与式灌溉管理体制无法在皂河灌区真正地生根发芽，传统的行政水利管理体制依旧根深蒂固。随着世界银行节水灌溉项目在农田水利建设中的退出，用水户协会也逐步走向衰落和消失。

第五章 调整和指导：
皂河灌区的转型期
（2010—2016 年）

自皂河灌区建立以来，王学秀书记推动和见证了当地农田水利建设和发展。随着时间的推移，经历黄金期后的灌区，存在诸多组织结构性隐患，发展动力明显不足。2011 年，中央一号文件给予农田水利发展带来诸多政策红利，但皂河灌区受到当地行政区域调整的影响，迟迟没有明确上级主管单位，无法借助政策红利，形成竞争优势。国家政策的"推进"与皂河灌区的"倒退"形成鲜明的对比。通过对皂河灌区这一阶段问题的剖析，可以重新审视灌区在乡村水利治理中的作用和功能。

第一节 皂河灌区治理的制度障碍

皂河灌区在经历了四期世界银行节水灌溉投资项目和多期水利部灌区续建配套改造工程后，政府在项目资金上的投资超过了历史上任何一个时期。皂河灌区在资金充足的基础上，大兴水利工程，改革灌溉管理体制。农民通过多种方式，参与到灌区农田水利设施建设中，特别是农民用水户协会的成立，让农民充分参与用水分配。但是灌区蓬勃发展的同时，也暗含着许多隐患。特别是税费改革后，国家不再以税收为纽带影响农民行为，导致灌区对农民的影响力也日渐减小，影响了辖区内的农田水利建设。

一、组织空悬：无法融入行政管理体制

税费改革以后，乡镇政府由原来的向农民收取税费，改变为借钱和"跑"钱。借钱和"跑"钱，一要靠上级政府，二要靠民间的有钱人。由此产生两点深远的影响：一是通过这种集权式的改革，使得基层政府更加依赖于上级政府；二是改变基层政权运作的基础，民间的富人和富裕阶层正越来越成为乡村两级政府组织所依赖的对象。

在"以农立国"的传统社会，国家和农民的关系主要表现为"汲取型关系"，即国家主要依靠从农民身上收取的田赋和其他杂征、徭役维持政权

的运转。税费改革通过取消税费和加强政府间转移支付，来实现基层政府财政的公共管理和公共服务职能，力图将国家—农民的"汲取型"关系转变为一种"服务型"关系。实际上，税费改革使得乡镇财政变得越来越"空壳化"，基层组织不但没有转变为服务农村的行动主体，而且正在和农民脱离其旧有的联系，变成了表面上看上去无关紧要、可有可无的一级政府组织。"悬浮"于乡村社会之上，即使乡镇政府不被取消，"悬浮型"政权的特征也已经越来越凸现出来。❶ 随之，作为乡村农田水利组织的皂河灌区，也呈现出"悬浮型"特征。这种悬浮型特征，不仅体现在灌区对于乡村社会的影响力降低，更是表现为与上级主管单位的一种疏离。进一步来说，甚至是无法满足农田水利建设的组织功能。

2008 年以前，皂河、黄墩、王官集、蔡集等乡镇原来全部属于宿豫县。2008 年，由于区域调整，皂河、黄墩镇被划到湖滨新区，由湖滨新区托管，相应的排涝区域全部划到湖滨新区。此举意味湖滨新区负责皂河灌区原来辖区中的部分区域。2014 年，王官集、蔡集两个镇被划到宿城区。至此，皂河灌区处于不同行政区划的管辖中。皂河灌区处于无人接管的状态，直接的影响就是缺乏上级主管单位的建设资金支持。从中央、省到市县对宿豫区农水工程都有稳定的资金投入（表 5-1），但皂河灌区却无相应的资金支持。

表 5-1　宿豫区农水工程项目投资情况统计（2008—2016 年）

年份	下达资金情况/万元			
	小计	中央	省	市县配套
2008	2400.0	800	1120.0	480.0
2009	3000.0	1000	1400.0	600.0
2011	3498.0	1166	1633.0	699.0
2012	15160.6	4800	7056.8	3303.8
2013	8667.1	3745	3100.0	1822.1

---

❶ 周飞舟. 从汲取型政权到"悬浮型"政权：税费改革对国家与农民关系之影响［J］. 社会学研究，2006（3）：1-38，243.

续表

年份	下达资金情况/万元			
	小计	中央	省	市县配套
2014	16368.8	6720	6697.0	2951.8
2015	8638.9	4640	1810.0	2188.9
2016	6263.9	2200	2559.2	1503.8

数据来源：根据宿豫区 2008—2016 年水利局工作报告数据整理。

2014—2016 年，皂河灌区因地方行政区划的调整，一直处于无人接管状态。根据 2014 年度皂河灌区管理所的"事业单位法人年度报告书"显示，该管理所全名为宿迁市湖滨新区皂河灌区管理所，经费来源是财政补助（差额拨款）。

皂河灌区管理所具有多元的业务范围：一是农业用水功能，负责 6 个乡镇（社区）的农业灌溉与排涝任务；二是工业用水功能，负责市经济开发区工业用水；三是生态用水功能，负责古黄河冲污及补水。与其他相近灌区相比，皂河灌区应拥有更好的发展前途。但是发展的困境在于缺乏明确的主管机关。根据"事业单位法人年度报告书"，主管单位写明是宿豫区水务局，但是从 2013 年起，这个事业单位就陷入一个上级主管部门缺失的境地。皂河灌区区划所涉及的宿豫区、湖滨新区与宿城区水利管理部门均表示这个单位不属于自己的管辖范围，而宿迁市政府和宿迁市水利管理部门也难以确定灌区的上级主管单位。由此，皂河灌区管理所的管理、经营是否合法有序，农业灌溉与排涝任务等业务如何完成，这些问题已成为皂河灌区最为紧迫的问题。

对于皂河灌区的主管单位，大体有三种观点：一是因其跨多个行政区域，可由市里（宿迁市）直接管理。在改制过程中，皂河灌区曾暂时划归市水务局管理，因为它的灌溉范围涉及几个行政区，理论上应该归市里管。但是市领导并未采纳此建议，而是希望由湖滨新区接管。二是主张由湖滨新区管理，因为它服务的两个乡镇在湖滨新区，且灌区管理所坐落在湖滨区。然而，湖滨新区并未接收，主要有三个原因：第一，湖滨新区本身没有设水利局；第二，认为与自身关系不大；第三，也是最重要的原因，皂河灌区债务沉重，难以解决。三是交给宿城区管理，因为它服务的四个乡镇在宿城区，且灌溉面积较大。自 2013 年以来，灌区的上级主管部门一直未能确定。

最终，经过多方协调，皂河灌区已正式确认由宿城区水务局来接管。宿城区水务局的领导认为，皂河灌区所面临的问题需要政府多方面的协调，例如债务的减免、人员的定编等。❶ 尽管如今皂河灌区有了明确的主管单位，但是受制于旧账过多，又错失诸多发展机遇，灌区振兴仍面临诸多挑战，任重道远。

二、经营乏力：无法形成市场竞争优势

目前，在宿城区划内，船行灌区与皂河灌区是两个重要的乡村农田水利组织，它们的兴建时间几近相同。20 世纪 90 年代末，皂河灌区在王学秀书记的带领下，获得了更多的上级主管机关和政府资金支持。但是进入 21 世纪初，皂河灌区发展脚步变缓，无法形成有效的市场竞争优势。

皂河灌区在宿豫区水利局基础是非常好的。第一个原因是，老宿迁建制的水利系统，在建立地级市之前，原本庞大的水利队伍都留在了那边；第二个原因是，宿迁市建立地级市已经 20 年。当我到宿城区水利局的时候，一年只有 300 万的收入，现在他们的收入已经达到了 2 个亿。虽然宿城区的面积比宿豫区大，但当时宿城区基本上没项目。然而现在，宿城区已经远远地超过它了。（2016 年 10 月，原宿豫县水利局曹局长访谈）

长期以来，船行灌区发展远不及毗邻的皂河灌区。囿于渠道陈旧和技术落后，一到冬季，船行灌区的下游地区常常无法得到及时的灌溉。

---

❶ 1996 年 7 月，撤销县级宿迁市，设立地级宿迁市，新设宿豫县和宿城区。宿豫县辖原县级宿迁市的顺河、耿车、皂河、埠子、大兴、来龙、蔡集、王官集 8 个镇和骆马湖、龙河、关庙、黄墩、陆集、罗圩、丁嘴、保安、曹集、晓店、塘湖、仰化、三棵树、侍岭、新庄、洋北、卓圩、赵埝、南蔡 19 个乡，县人民政府驻顺河镇黄运东路，新建县城。宿城区辖原县级宿迁市的宿城镇、井头乡、支口乡、双庄乡、果园乡和原种场。2004 年 3 月，撤销宿豫县，设立宿迁市宿豫区。原宿豫县的耿车镇、埠子镇、洋北镇、龙河镇、罗圩乡、南蔡乡和三棵树乡划归宿城区管辖，原宿城区的井头乡划归宿豫区管辖。调整后，宿豫区辖顺河、皂河、大兴、来龙、蔡集、王官集、仰化、丁嘴、黄墩、陆集、关庙、侍岭、新庄、晓店 14 个镇，曹集、保安、井头 3 个乡和嶂山林场。2005 年 11 月下旬，市委决定成立宿迁市湖滨新城开发区，把晓店镇、嶂山林场、井头乡的部分村居划归湖滨新城开发区托管。2011 年 7 月，市委决定将井头乡整建制，托管到市湖滨新城开发区；10 月，按照宿迁市人民政府市长办公会议纪要第 84 号精神要求，将宿豫区皂河镇整体建制，托管到市湖滨新城开发区。2013 年 6 月，市委决定将宿豫区蔡集镇、王官集镇整建制，托管给宿城区；将宿豫区黄墩镇整建制托管给市湖滨新区。

我于 2008 年首次访问船行灌区，并在接下来的几年里，通过三期投入，使船行灌区的发展超过了皂河灌区。当时，皂河灌区已经进行了五期的投入，而船行灌区还尚未开始第一期。然而，在我负责船行灌区之后，仅仅通过三期投入，船行就超越了皂河。至今，船行灌区总共进行了八期的投入。值得一提的是，即使在我离开近五年后，船行灌区仍获得了高达 2.6 亿元的新投资。（2016 年 10 月，原船行灌区黄所长访谈）

　　在王学秀书记的积极领导和锐意改革下，皂河灌区取得了显著的发展，不仅经济有保障，还被列为省水利厅的示范单位。2005 年，在黄所长的带领下，船行灌区开始改革，政府为其提供项目资金保障。灌区内不仅灌溉用水充足，而且还能提供工业用水和生态补水，水资源利用率显著提升。

　　我当年去船行灌区时，它正处于生死存亡的边缘。灌区的所长、主任以及两三百名员工都面临着巨大的压力。随着城市化的快速推进，灌区的面积被不断蚕食，可供灌溉的土地越来越少。同时，灌区向南划拨的泗洪、泗阳地区又由于地理环境的限制，发展道路异常艰难，几乎看不到任何出路。于是，我提出并实施了城市生态供水和城市工业供水，以减少对农业灌溉用水的依赖。（2016 年 10 月，原船行灌区黄所长访谈）

　　与经历改革的船行灌区相比，皂河灌区经历了发展的黄金期后，问题重重，发展后劲不足。在农田水利市场化中，灌区逐渐失去竞争力，主要体现在以下三个方面：

　　（1）供水结构没有改革，仍以农业用水为主。农业用水价格恒定，每立方米 8 分钱，而工业用水价格由市场调节，最起码是 5 角起价。工业用水和农业用水价格相差数倍。而且，随着宿迁地区的产业转型，工业产值所占比不断提高，工业用水量显著增加。在此情形下，皂河灌区没有利用其紧邻宿迁市经济开发区的地理优势，仍以农业用水为主，没有抢占工业用水市场份额，错失市场机遇。

　　（2）没有充分利用皂河灌区的地理优势，扩大供水范围。皂河灌区和船行灌区水源均来自京杭大运河，但是皂河灌区地理条件非常优越，位于城市上游，整个城市的生态用水都可以由皂河灌区来提供。此外，生态用水对于水质要求不高，也就是意味着加工成本较低，可以获得更多的盈利。

皂河灌区并没有扩大供水范围，为城市生态发展提供用水。

（3）缺乏通盘的考虑的战略。在国家取消农业税后，灌区领导在决策时缺乏前瞻性和果断性，未能充分运用市场优势。此外，皂河灌区的发展也受到宿迁整体城市规划的影响。过往的发展中，如果政府能加大生态保护的投入，提供更多的生态用水机会给灌区，可以实现一箭双雕，既实现生态保护和经济发展平衡，又有利于皂河灌区的转型。

我感觉目前的主要问题是灌区整体的发展思路不完整，究竟向何处去？以宿迁市为例，政府投资了1.3亿元建设的骆马湖调水工程，我就会把它这个工程结合到皂河灌区来，让它服务城市，服务湖滨新区、宿城区、宿豫区。皂河灌区所面临的巨大的债务压力，使得很多人对其发展前景持悲观态度。但我认为，只要我们能够科学规划、合理布局，并充分利用其原有的基础和优势，皂河灌区完全有可能焕发新的生机和活力。实际上，从某些方面来看，我认为皂河灌区的发展潜力甚至超过了周围的船行灌区。（2016年10月，原宿豫县水利局黄局长访谈）

农田水利市场化初期，皂河灌区利用政策红利，大力改革，走在时代前列。但是后期的皂河灌区在市场中失去竞争优势，除却自身发展思路局限，与政府对皂河灌区的关注和投入减弱也密切相关。

三、经费匮乏：灌区建设运营困难重重

长久以来，工程项目资金是皂河灌区水利发展的重要物质保障。2010年之前，皂河灌区项目主要由两部分组成：一是水利行政主管部门的项目支持，二是世界银行节水贷款的项目支持。2010—2016年，出于各种原因，皂河灌区在两个项目中的工程数量基本为零。在世界银行贷款项目逐年变少的情况下，省内配套的农水项目又没有能够很好地落实，灌区的发展日趋缓慢，近乎停滞。

由于皂河灌区目前处于无上级主管部门的局面，导致灌区项目投入锐减，特别是农田水利项目制全面展开之后，对灌区的影响非常大，很多项目由于没有主管机关，根本无法申报。从2010年以后，灌区的宣传、交流活动就逐渐少了。

2012年，灌区所获取世界银行贷款项目几乎为零，主要原因有两个：

一是世界银行贷款项目手续烦琐，申请要求高，相关的管理措施比较严格。这使得世界银行项目在 2010 年之后，尤其是在东部沿海经济比较发达的省份中，相关的水利主管部门不太愿意去申请。皂河灌区在利用了几期世界银行贷款项目资金后，由于世界银行贷款项目要求高，需要规划配套，灌区觉得项目难以完成，收益增加也不多，后期逐步就没有再申请；二是农田水利建设进入了一个项目制的时代，农田水利投资不再是仅仅依靠政府拨款，即使是以往的政府资助也大多通过项目的方式下拨到地方。皂河灌区以往各种项目资金投入巨大，而当前却面临资金短缺的困境。2010 年之后，由于人才流失，投资数据一直缺失，宿豫区水务局每年催告，但是数据一直没法收集上来。

由于项目资金不足，灌区管理开销巨大，导致灌区理应获得的服务对价，即用水户缴纳的水费，也无法得到实现。农民用水户协会逐步淡出了灌区的管理，不再发挥应有的桥梁作用。原本，帮助灌区收取水费是农民用水户协会主要的职能之一，但是农民用水户协会的运行因为经费、人员等一系列问题，不再发挥原有的作用，这迫使灌区的职工只能亲自上门收取水费，增加了收费的难度。有些农民交费不积极，故意拖欠水费，这使得灌区的发展进一步雪上加霜，主要的收入来源也岌岌可危，灌区的发展受到很大的影响。

除了项目资金来源不足，皂河灌区由于人员的社保经费的开支越来越大，对于政府和灌区来说这都是一个大的负担。

在项目资金和社保资金严重亏空的同时，原有项目实施过程中的承包资金的支付也是困难重重。皂河灌区作为发展比较早的灌区，一方面，它作为水利系统的典范，树立了一面旗帜；然而，另一方面，这也带来了不小的经济负担，使皂河灌区在经济上可能承担的压力更多。在发展早期，皂河灌区发展在经验上较为缺失，续建配套资金不到位，这可能是灌区的债务形成的一个原因。与其他灌区相比，皂河灌区在管理上存在很大的差异。其他灌区相对来说是一种粗放型的管理模式，将农渠毛渠交给村一级来管理，在干、支、斗、渠的建设管理中，灌区向上级争取维护、管理经费，甚至是人员的经费。而皂河灌区后期修建了许多的渠道，包括斗渠和农渠，采取的方式是将这些渠道的经营管理承包给职工，职工不仅要管理好，而且还以协议的方式将承包工程上的土地给职工用，前提是职工要付土地的使用费。这无形中帮助皂河灌区化解了部分债务，但是与此同时也产生了一些问题。灌区每年要支付一定的管护费给承包人，这部分管护费是灌区和承包人以合同的形式确定下来的，合同期限一般是 10 年或者 15 年。而这部分支出，灌区没有收入来源或者收入来源不足以弥补缺口，这是负债的一个因素。而且当年因为灌区的财务管理上未涵盖此费用，灌区可能会采取一些不算严格意义上的借款，会产生一定的利息，也会产生一部分费用，这一部分的额外支出加剧了灌区的负债问题。皂河灌区受到过去发展所留下的旧账困扰，又缺乏新的流动资金注入，导致当地的农田水利灌溉只能"吃老本"，没有能力更替设备和革新技术，从而影响了水利灌溉的效率。

第二节　皂河灌区转型的约束条件

自 1970 年成立以来，灌区在过去 40 年里取得了重大的成就和发展，但如今灌区发展，管理方面存在着各种问题，同时本身在行动中也存在着多种制约因素。灌区发展存在多重的问题，无法实现可持续发展原因是多样的。

一、发展动力不足：缺乏地方精英主导

在我国的企业和政府运作中，传统文化中长期树立的经验重要性观念根深蒂固。为了充分发挥"老人"的经验智慧，企业和政府常在他们退休后，采取返聘、顾问等形式，让他们重新参与到管理工作中。但是这种对地方精英的严重依赖，也存在些许现实的隐患。

王学秀书记是皂河灌区兴盛发展的功臣。但随着他的退休，围绕其领导的问题出现了一些负面评价。尽管王书记在 2010 年办理了退休手续，并从台前逐渐退至幕后，但灌区的管理工作实际上仍然受到他的影响。这种现象，作者认为，主要源于王学秀书记的地方精英特质。王学秀书记是水利系统的领军人物，更因对皂河灌区管理的卓越成就而广受赞誉。他曾获得"全国劳动模范"等荣誉称号，并在 2009 年被评选为"影响宿迁经济发

展 60 名人物"中的"十大农业产业化领军人物"。

王学秀书记任期内的工作能力和口碑得到了广泛认可。退休后，当地领导考虑到他的经验和资源，决定进行退休留用。然而，这也引发了一些关于权力传承和干部管理规则的讨论。一些观点认为，无论领导者在任期间取得了怎样的成绩，到了退休年龄都应遵守规则退出，为年轻一代提供更多的发展机会，如果想发挥余热，可以担任顾问角色，而不是越俎代庖。为了平衡"老人的智慧功能"和"位高权力重"的关系，地方组织部门应建立合理的用人机制和考评办法，明确退休人员的角色和职责，避免权力过度集中和畸形用人的现象发生。

灌区的人员问题既有历史积淀的难题，也有体制机制的影响。在王学秀书记的管理模式下，灌区现行的用人制度成为了制约其进一步发展的关键因素。其中，灌区冗员严重尤为突出。皂河灌区定编人员为 112 人，但实际在岗并领取全额工资的人员仅约 20 人，其余人员可能处于闲置或兼职状态。自 20 世纪 90 年代初期以来，灌区人员数量激增，从原先的 20 多人增加至 100 多人。与此同时，随着农民粮食种植面积和灌溉面积的逐年减少，水费收入也呈现出下降趋势。然而，职工的工资却需要按照政策规定逐年上涨，同时电费成本也在不断攀升，这使得灌区的运营成本逐年增加，而收入却逐年减少。

尽管王学秀书记主导的灌区改革存在一些问题，但这些问题在其领导期间没有凸显，充分体现了领导者的治理灌区能力。面对纷繁复杂的灌区问题，像王学秀一样强有力的领导者是必不可少的。

二、参与机制失能：农民用水户协会退出

20 世纪 90 年代末，灌区应世界银行节水灌溉贷款项目的要求，成立了大禹集团供水公司和用水户协会参与灌区的管理，这主要是为了符合世界银行贷款项目的需要。世界银行贷款项目希望在加强硬件设施之前，应当先完善软件方面的管理。在用水户协会运行初期，它是老百姓和灌区之间的桥梁。农民积极主动参与到农田水利的管理中去，发挥了很多积极的作用。但是用水户协会在实际运作中，却面临重重困难，导致这新兴制度难以持久，最终逐渐消失在皂河灌区的管理和运营中。

长久以来，村民依赖国家和村干部的心理成为用水户协会发展的掣肘。由于农民的思维惯性认为国家（乡村两级）长期以来负责农民用水，即使在有税费取消后，仍然期望国家继续承担农业供水的责任。❶ 这种心理在一定程度上阻碍了用水户协会的发展，使得负责征收的用水户协会在运营过程中面临诸多困难。

自 2000 年以来，国家在皂河灌区进行了大规模的电灌站改造工程。从以往的十几立方米每秒增加到现在的二十七八立方米每秒。这一改造工程耗资数千万，主要由国家财政支持。这一举措旨在确保粮食安全，提高粮食自给自足能力。然而，尽管国家在农业基础设施上投入巨大，保障了粮食产量，但对于农民来说，农业收入在家庭总收入中的比重却逐渐降低。以一家农户为例，如果其家庭年收入为 1 万元，那么来自农业的收入可能仅占其中的 2000 元。

我们目前负责的这片区域，在收割麦子和稻子后，秸秆等废弃物常常被随意丢弃在渠道中，导致渠道堵塞。尽管我们努力呼吁，但许多老百姓对此并不关心，这让我们感到十分无奈。然而，在紧急情况下，我们会采取强制措施，要求农户清理其地块附近的渠道，以确保渠道畅通。（2016年 10 月，皂河灌区马副所长访谈）

尽管灌区组建农民用水户协会时热情高涨，但是用水户协会和供水公司之间的关系却未能得到良好的磨合。供水公司面临的首要问题是明确其水权，即水的来源和分配权。虽然供水公司对外宣称是"一套班子，两块牌子"，但其实就是一个实体。当时灌区是进行企业化运作，政府主要发挥指导性作用，而供水公司拥有自主的定价权。作为企业来讲，把水作为商品卖给用水户，用水户付钱享用水资源。然而，这种理念在当时并未得到农民们的充分理解，农民们习惯将水视为生活必需品而非产品，因此对于这种付费使用模式感到难以接受。这导致后期供水公司和用水户协会的功能逐渐减弱。此外，用水户协会所承担的水费征缴工作任务重，回报较低，也是其走向衰败的原因。

皂河灌区收费难和收费周期长是灌区一直面临的难题。相较于其他灌

---

❶ 罗兴佐，贺雪峰. 乡村水利的组织基础：以荆门农田水利调查为例［J］. 学海，2003（6）：38－44.

区，皂河灌区的每亩水费收取标准较高。这与皂河灌区的地理位置有关。作为提水灌区，皂河灌区的水费计算方式曾经是按亩收费，按亩收是把水方量折算到亩数上去，采取收费到户的方式。

当时的路北灌区（电灌站）也采取的是按亩收费，但是路北灌区和皂河灌区存在一个很大的区别，路北灌区属于运东（运河的东面），灌区在水利工程水费的基础上只适当的收一点机电排灌费，大概是几元钱，收费低。而附近的来龙灌区只收水利工程水费，因为它是自流灌区，所以它的水费比皂河灌区低很多，它的自流灌区是每亩收13元。后来，为了解决来龙灌区续建配套的工程建设问题，大概每亩加收了两三块钱，也就是每亩15～16元。而皂河灌区的13元的水利工程水费是水利站收，皂河灌区机电排灌费可能收到每亩六七十元，这就需要农民承担每亩87.5元的水费。此外，有的地方还有二级提水，在2000年的时候，宿豫区出台一个文件，二级提水费要收每亩20块钱，上浮不超过5％，每亩80多元的水费再加上二级提水的费用，运西有些乡镇的水费要超过每亩100元。像来龙灌区十几块钱一亩地，如果家里三四亩地的话，灌溉季节总共的水费也就几十块钱，但是运西就不一样了，如果家里有三四亩地，就要支付400多元。这笔费用摊到农民头上，种地成本就大幅度提高了。（2016年5月，原宿豫县水利局黄局长访谈）

农民用水户协会退出灌区管理后，水费征缴的责任便转移到了灌区职工身上，他们需要逐户上门收取水费。在收费的过程中，可能会面临有的村庄的农民缴费积极，而有些村庄的农民则可能存在拖欠水费的现象。此外，水费的收取率直接关系到职工的收入。为了确保水费能够足额收取，职工可能需要先行垫付部分资金。在收水费期间，他们通常不会获得工资，而是采取"包干"的方式，即根据收取的水费金额来计算自己的收入。在收费过程中，遇到一些"死户"或"赖户"是不可避免的。对于这些农户，灌区管理部门往往不会直接介入，而是将责任全部交给职工。如果职工能够成功收取这些拖欠的水费，那么这些收入将全部归职工所有。由于水费是职工的主要收入来源，他们往往需要在过年期间仍忙于收费工作，以确保能够获得应得的工资收入。

这个措施在初期执行时效果尚可，当职工无法收取水费时，灌区会组织人员协助。然而，随着后期水费收取工作的全面展开，部分人在遇到收费困难时，选择了放弃，这可能导致部分地区水费收取困难、收费率下降的问题。结果是，一些村民小组的水费收取变得尤为困难，导致职工不愿意前往这些地区收费。目前，皂河灌区的做法是反复催缴，这种方法既耗时又费力，且效果不佳。相比之下，路北灌区通过诉讼方式收缴水费可能是一个值得借鉴的经验。尽管在当前的农村社会，人们普遍倾向于避免通过诉讼解决问题，但在实际操作中，诉讼往往是一个快捷且有效的解决方法，同时也在农村社会中产生了良好的警示作用。

农民用水户协会退出后，灌区所辖面积众多，与农民的紧密度自然不足。在此情形下，灌区在开展农田水利建设过程中农民的支持减弱，参与度变低，从而使得灌区运行举步维艰。

三、资金分配机制调整：项目制的推广

在农田水利工程建设中，项目制也已成为政府治理的新常态，并以法律规范的形式予以明确，比如 2011 年江苏省水利厅、财政厅联合颁布《江苏省小型农田水利重点县建设管理细则》（以下简称《江苏省管理细则》）。《江苏省管理细则》中明确小型农田水利工程项目实施项目公示制和项目法人责任制。通过项目制，小型农田水利工程项目建设和运营的事权和财权重新配置。

江苏省在农田水利工程建设中推行项目制的缘由主要有二：一是为了进一步强化政府对农田水利项目建设的集权式管理，与我国管理体制改革相契合。1994 年分税制改革和 2000 年开始的农村税费改革，使得中央和地方、地方和基层政府之间的关系得以重塑。分税制改革通过"上划下拨"的方式，实现了中央和地方事权和财权的明晰，进一步加强了中央集权，为我国经济发展打下坚实的基础。随着城镇化进程，分税制改革的红利大幅偏向城市，比如公用事业完备、交通网络建立等，农村经济的发展相较缓慢。与此同时，农村税费改革也打破农村发展的资金池，使其更依赖于上级政府的扶持。由此观之，分税制改革和农村税费改革都在一定程度上使得权力关系网趋向紧密。二是通过加大财政支持，加大对农田水利市场的监管，保证农田水利公益性的实现。在水利灌溉管理体制改革中，政府

允许通过工程租赁、承包等方式，逐步将农田水利建设的部分职能转交给市场。然而，具有公共属性集体所有的农田水利设施，一旦交付私人运营，可能会因为私人的逐利行为而滋生腐败，导致服务品质难以确保。更有甚者，权力和金钱的替换和交易的危害不容小觑。[1] 为了加强政府对市场失灵的矫正作用，发源于西方的项目制成为了政府治理农田水利市场的一个重要工具。

为了实现资金的高效运作，项目制下作为项目运营的法人是工程建设的责任主体，所属的财政部门和水利部门则按照职能，负责工程项目建设的监督管理工作。[2] 政府将农田水利工程建设的职能移交出去，由项目法人参与招投标，获得项目建设权，肩负主体责任。政府通过项目资金发放来考核和约束项目法人的运作绩效。从政策文本出发，项目法人的性质并未受到约束，既可以是营利性法人，比如建设公司，也可以是非营利性法人，比如承担公共职能的事业单位。在实际运作中，笔者发现多数的水利工程项目是由与水利部门具有隶属关系的事业单位承担。

基于此，当前农田水利工程中的项目制运作存在不少问题：一是项目委托方和承包方的地位并非是对等的。周雪光将项目制视为一种不完全契约，通过高度专有性关系和较强的参与选择权来描绘双方的关系，认为通过委托方和承包方之间的良性互动关系，可以促进项目的良好实施。[3] 但是实际上，委托方和承包方之间的选择权分量并不是相同的。二是在项目制下，"精英俘获"成为了一个难题。项目制运行中的精英俘获，扭曲了项目运行中的国家自主性和良好互动，而是倾向于结构性的利益共享机制。[4] 在农村水利工程建设中，项目制运行长期由基层行政部门、村干部和富裕的农民所把控。项目制所带来的收益由这部分群体所共享，甚至项目制下的利益输送方向亦被垄断，比如水利工程建设中对水资源的调配，更倾向于村干部或富裕农民所占据的田地、果园等。相反，缺乏话语权的农民群

[1] 黄宗智，龚为纲，高原. "项目制"的运作机制和效果是"合理化"吗？［J］. 开放时代，2014（5）：143 - 159，8.

[2] 王平，刘新文. 湖南中小型公益性水利工程集中建设管理的实践与思考［J］. 中国水利，2012（2）：15 - 17.

[3] 周雪光. 项目制：一个"控制权"理论视角［J］. 开放时代，2015（2）：82 - 102，5.

[4] 李祖佩. 项目制基层实践困境及其解释：国家自主性的视角［J］. 政治学研究，2015（5）：111 - 122.

体的利益则湮没在异化的项目制运行中。三是在项目制的具体实施过程中，项目制申请主体有限，利益相关体参与度有限，尤其农民参与热情不高。在项目论证中，村民鲜能与专家进行紧密接触，对项目的科学性有一个更为清晰的了解。此外，在项目执行阶段，村民对农田水利项目的质量和资金运用缺乏全方位监督❶。四是在农田水利设施项目制下，项目锦标赛普遍存在，重申请而轻监管。尤其政府在批准项目中，缺乏对资源统一调配。比如皂河灌区所辖的区域广阔，但其却因缺乏主管部门，难以申请项目。

即使项目制在农田水利工程建设中存在或多或少的问题，但是不能否定的是，项目制大力地推动了优质项目的产生，强化了农田水利组织之间的良性竞争。遗憾的是，皂河灌区难以抓住项目制机遇，实行灌区的转型。

四、市场化改革失败的后遗症：资产权责不清

在农田水利市场化过程中，灌区面临人员有限、资金不足的难题，将皂河灌区的一些项目和职能委托给个人运作，比如渠道两边的绿化建设、河道清污等。提供农业灌溉用水是皂河灌区的核心职能，灌区所辖的灌溉面积广阔，涉及6个乡镇，灌溉任务量重，而皂河灌区的泵站对协助灌区完成灌溉任务起着巨大作用，灌区辖区内有一级泵站和二级泵站之分。一级泵站由灌区自己管理，设在皂河灌区管理处内；二级泵站则是坐落于灌区所辖的各个乡镇，属于小型泵站，主要协助灌区负责农业灌溉。但是面对泵站人员、收费、看管方面的高昂费用，二级泵站主要采取个人承包的方式。

这种二级泵站皂河灌区大概有50个。但是，我们灌区只有两种形式的二级泵站，要么是个人的，要么是灌区的，没有第三种形式。而其他灌区可能有属于乡镇的，后又交给了村里管，并给予一定的补助经费。（2016年10月，皂河灌区马副所长访谈）

属于乡镇的泵站，其作为中间媒介，完成特定区域内的农业灌溉。在泵站由乡镇代管的过程中，泵站的管理权和所有权相对分离，这也为泵站的有效维护埋下了隐患。乡镇只是代管泵站，为农业提供用水，确保当地

---

❶ 孙良顺. 小型农田水利设施供给机制的困境及路径选择 [J]. 南通大学学报（社会科学版），2016, 32 (1)：119-124.

粮食产量，完成他们的农业指标。由于乡镇财政状况良好，但并不享有泵站的所有权，因此乡镇对于泵站缺乏维护的动机和激励。因此，泵站维修的职责仍然需要由灌区来承担。在泵站改造过程中，基本上都是由灌区投入改建，并全部纳入改造计划里。改造完成以后，能够收回的泵站都已由灌区自行管理。但是，仍然有少部分泵站未能收回，由乡镇代管。对于没有收归灌区的泵站，其维修的责任主体仍然持续处于争议之中。此外，如果二级泵站直接承包给个人，那么在灌溉季节，承包人将负责提水、供水灌溉，并收取水费。

在皂河灌区，属于个人的泵站现在已经不多。这主要源于1992年、1993年的全国水利产权制度改革时期，最早的泵站基本上是乡镇或者村建立的。但那时候鼓励能出售的尽量出售，不能出售就承包，所以后来就有人买泵站，承包期长达30年。由于承包期比较长，且经过改造，一些原本应由国家所有的泵站现在仍然被私人承包管理。这类泵站在权属上有一定的争议。所以从整体上看，现在大部分二级泵站已经收归灌区管理。（2016年10月，皂河灌区马副所长访谈）

目前，泵站在运行中存在的问题主要表现在：第一，灌区管理的泵站带病运行，设备超期服役，严重老化，随时有停运可能性；[1] 第二，承包经营的泵站债权债务不清楚，在供水季节不能很好提供供水服务；第三，泵站人员管理问题、编制问题。参加泵站管委会的代表是由各小组推举产生，其服务的基础是村民的信任，并不具有任何的权力性。一旦其失去村民的支持，那么工作的开展会举步维艰。

由此可见，随着皂河灌区的影响力降低，皂河灌区、乡镇政府和承包个体之间，存在泵站营利需求和泵站维护职责之间的冲突。泵站的所有权主体都希望借助泵站，满足营利需求，但却没有强大的维护泵站的动机。

第三节　皂河灌区的转型趋势

针对皂河灌区当前面临的问题，为了实现更好的未来和发展，灌区已

---

[1] 罗兴佐，贺雪峰. 资源输入、泵站改制与农民合作：湖北省荆门市新贺泵站转制实验总结[J]. 水利发展研究，2006（6）：22—25.

经采取了一系列积极的措施。在结合周边灌区的发展经验以及理顺和主管部门的对接关系后，灌区将自身功能进行重新定位，在原有的农业灌溉基础上增加新的职能，比如工业和生态供水等。同时在明确了上级主管单位后，加大对项目资金的引进，有助于给灌区带来新一轮的繁荣。

一、价值取向：平衡水资源的公益性和经营性

皂河灌区作为中型提水灌区，其运行成本相对较大。近年来，国家和省的政策和资金补助相对较少，灌溉收支一直由灌区自行承担。加之，由于历史遗留原因，灌区人员较多，且整体文化水平较低，尤其是最近十年来，原有的大学生离开，而新的大学生和技术人员则不愿来。其主要收入只有排灌费，导致长期入不敷出，大部分人员离岗，单位运行十分困难。结合目前现状来看，如果仍然以农业灌溉为主，以机电费作为主要经营收入的话，灌区发展必将进入瓶颈期。对于皂河灌区的转型，在保障农田水利的公益性的前提下，主要需要厘清以下问题。

首先，重新定位灌区的功能。原有的农业灌溉功能要加强，同时推进生态、工业和城市供水。皂河灌区的地理位置有优势，其紧靠原有的运河地区，因此，使用灌区的生态供水是很好的发展路径，同时可以发展一部分工业用水。在大禹集团供水公司成立之初，皂河灌区有少量的工业供水，但是由于水价较高，这部分用水量逐渐在减少。但是灌区毗邻几个大的工业企业，其用水需求还是很大的。

其次，核定和落实两费及情况。目前灌区"两费"（人员经费和工程养护费）核定以及"两费"落实到位，费用均无明确指标和渠道。近三年来，尽管区财政也给予少量定补，但远不能满足灌区公益性人员的基本支出，更不要谈及保障工程维修养护的支出。依据相关文件规定，物价和水务部门对灌区农业灌溉水价进行测算，从 2006 年起，灌区一直按照宿豫区价发〔2006〕30 号文件规定，收取基本水费 80 元/亩（二级提水加收 12～15 元/亩）。水费计收采取收费到户的方式，征收业绩同个人效益挂钩，并制定了奖惩措施。由于这种征收方式在实际操作过程中存在多种弊端，2011 年宿豫区区委、区政府下发了文件，明确了水费征收采取"村收缴、乡镇统筹与供水单位统一结算"的模式。

最后，保障灌区工作人员基本待遇，调动工作积极性。灌区水费收入主要用于缴纳所有职工的养老、医疗保险，灌区运行电费、机电设备维护、渠道工程管养、在岗职工部分工资等。这样的模式至少使得在职的职工的基本收入和"两险"有了保障。如果灌区进入到良性运行状态，也能吸引技术人员到灌区工作，2012 年，灌区并没有引入一名技术人员，相关的技术资料几乎处于空白状态，区里面要求提交的灌区经营数据都严重缺失。

对照灌区准公益性的定位，按照"定编、定岗、定员"的要求，采取相对灵活的政策，对皂河灌区进行改革试点，将灌区管理单位人员和事业经费纳入财政预算，实行按需设岗，以岗定人和岗位、目标、绩效管理相结合的工资分配制度，着力解决灌区因经费不足而造成管理岗位空缺，人员无法上岗的问题。政策上保障水费收缴，水费收缴直接关系到灌区能否实现良性运转，是当前灌区生存和发展的保障。建议主管部门进一步加快水费收取保障性政策的出台，保障水费征收工作的开展，增强群众用水交费、自觉交费的意识，从而保证灌区的良性运行。

二、外部借力：竞逐项目资金支持

由于皂河灌区没有明确上级主管部门，进而导致了项目的引入和实施受阻。2016 年 10 月后，宿城区水务局正式成为皂河灌区的上级主管部门，这必将给灌区带来新的活力，参照周围船行灌区在项目实施后的成果，可以预见皂河灌区必将有个灿烂的明天。

船行灌区项目实施后，首先，灌区的灌排能力和水的保障能力显著提升。特别是近两年来，结合船行灌区续建改造工程的实施，突出用水控制与灌区管理同步，科研推广与项目实用性结合，注重项目规模质量的提升，注重项目综合功能的提升，注重社会生态效果的提升，灌区农业供水、工业供水、生态补水等综合效益凸显，灌区产业化初具模型，同时农业灌溉能力显著增强，经济效益明显。其次，水源可靠性大幅度提高。充分利用灌区内已有的京杭运河、古黄河、徐洪河、西沙河、太皇河等骨干河道组成水网的格局，通过工程和管理措施联合调度，大幅度提高了供水保障，精心打造节水型生态渠道，取得较好的生态效益。最后，充分利用水利科技助推灌区管理。通过省级水利科技立项，建立灌区的泵站提水—干支渠引水—斗渠输水—大棚智能化灌溉的全过程用水监控调度系统，建立灌区综合化灌溉管理平台，最终实现灌区水资源的综合调度与管理。

因此，皂河灌区在未来的改革过程中，结合项目的引入，要做好以下工作：首先必须要做到的是深化"人事""水价"两项改革。人事体制改革就是充分调动灌区职工的积极性和主动性，确保灌区灌排管理任务的完成。灌区应采取竞争上岗的办法，定岗定员，全面引入"能者上、平者让、庸者下"竞争机制，鼓励广大职工离岗创业。在分配方面，采用薪随岗定，多劳多得。其次是水价体制改革。水价体制改革主要聚焦于计量方式的科学化和缴费征收的参与度提升。在计量方式上，通过专业机构，运用精确的核准方式，采取作物分类的方式，摸底调查，主要针对水田、旱田、经济作物（蔬菜大棚）等，为灌区收费和后续的建设提供前期基础。最后需要拓宽服务渠道。宿城区水务局已经被确立为皂河灌区新的上级主管单位。在区水务局的积极引导和协调下，灌区充分开发水资源，发挥最大效益，主要方式是通过向工业企业提供用水，增加灌区的服务空间，增加财政收入。灌区加强了所辖范围内河道，特别是西民便河等区域性河道的管理，达到了工程管理、灌区收益、人员就业"三赢"；同时，灌区利用紧临开发区的区位优势，积极争取向区开发区南区供水。

三、加强合作：农田水利管理的权利下沉

在乡村水利发展中，水利站也是一个非常重要的水利组织。水利站一般而言都是以行政区划为特定的界限，其主要职能包括：一是农村水资源管理。随着社会的发展进步，对水资源进行统一管理已成为大势所趋。二是农村水利规划的监督实施。科学、合理的规划，是卓有成效地开展农村水利建设与管理的基础。三是农田水利工程的建设与管理，包括组织冬春农田水利基本建设，小型农田水利工程测量、施工、建设、清淤、维护，以及农田水利工程建设监督与相关技术服务等。四是参与防汛抗旱。五是水土保持监督、监测。六是协助水政执法等。其中排涝和清淤是水利站比较重要的职能。水利站是水利局（水务局）的下属单位，实行双重管理，由县水利局（水务局）和乡镇政府共同领导，单位工资统一划入县级财政拨款，属于旱涝保收型事业单位。随着历史的发展过程中，灌区与水利站

一直存在着交错复杂的关系。

　　水利站的工作重点是完成乡政府和镇政府布置的任务，其中 80％的任务是由镇政府安排，包括桥梁、渠道、涵洞以及下水道的建设与维护。水利站受到双重管理，既受到水利局的直接管理，也受到镇政府的监管。在人员配置方面，虽然由水利局负责管理，但是规划工作都是由镇政府负责，我们主要为地方服务。现在乡镇只有三个站所：土管所（属于镇管）、畜牧兽站和水利站（属于直管）。2006 年水利站开始改革，以前是自收自支，水利局不发工资，只是进行业务指导。2006 年开始，工资发放得到了保障。水利站现在编制只有三个人，这在乡水利站还算偏多的。（2016 年 10月，王官集水利站张副站长访谈）

　　目前，皂河灌区辖区范围内有 5 个水利站❶，王官集水利站是其中相对比较大的水电站。通过走访和调查，我们可以窥见灌区与水利站在乡村农田水利中的协作和配合。

　　王官集水利站与皂河灌区的合作主要体现在给灌区的老百姓放水、调水位、开关闸。王官集水利站辖区大概水稻田有 4 万多亩，属于灌溉面积较大的。在农田水利设施维护中，主要负责水利工程清障、渠道以下的农田水利设施维护。水利站负责支渠以下的斗、农等水利灌溉设施的维护。水利站在村里公开招聘人员，县水务局负责提供资金，但乡镇政府则没有相应的配套和补助。水利站虽然能为灌区维护农田水利建设和维护分担一部分压力，但是县水务局提供资金有限，资金问题同样成为一个棘手的难题。

　　在以前，水利站可以自己创收，搞一些产业，比如卷帘门厂、机修等。但现在竞争太大，水利站能力有限，无法运作这部分产业。同时，政策上也不允许其进行多种经营。在 2015 年 6 月之前，水电站还负责乡镇的自来

　　❶　按照我国新一轮乡镇机构改革要求，结合各地发展实际，将基层水利站作为县级水行政主管部门的派出机构，属公益性事业单位，由当地县级（市、区）水行政主管部门和乡镇人民政府"条块结合，以条为主"双重领导的管理体制，并以县管为主：基层水利站职工的人事管理由县级水行政主管部门负责；干部任免由县级水行政主管部门负责，并参考乡镇政府意见；党团关系实行属地管理。其次，应明确将基层水利站统一定为全额财政拨款类事业单位，编内在职人员工资和办公经费列入县级财政预算，按事业单位工作人员的标准由县级财政核发。宿迁市泗阳、泗洪、宿城等县（区）乡镇水务站由乡镇政府直接管理，县（区）水务局只是负责水务站的业务指导；而沭阳县乡镇政府则拥有对水务站的全面管辖权。

水，即农村的生活用水的收费，这部分用水主要是打地下水，并且收费到户。2015 年 6 月以后，城里的自来水公司开始收取自来水费。以前，水利站收取自来水费的 10％可以作为水利站日常开销办公经费，2015 年之前水利站的开支从自来水费里开销，现在这部分费用没有了，导致办公经费相当紧张。尽管以前自来水费尽管收费已经很低了，但是还是有一部分人不愿意交纳，比如村干部。自来水厂停办主要是因为以前是小水厂，抽取地下水，但小水厂水质不达标。为了保障饮用水安全，国家提倡用大水厂的水。此外，土地流转使得水稻种植面积减少，这些对水利站的工作也有一定的影响。除此以外，水利站自身的工作压力较重，需要分担乡镇政府一部分的工作，难以集中精力处理辖区的农田水利灌溉。

排涝是水利站的主要职责，而在灌溉方面，水利站则主要起协助作用。现在，水利站与镇政府的关系更加紧密，我们除了专注于水利事务外，还需要协助镇政府处理一些非水利的工作，如秸秆禁烧和拆迁等。水利站在乡里的地位仍然较高，因为我们为乡镇提供了比较多的服务，这也使得镇政府对我们的工作表示满意。（2016 年 10 月，王官集水利站张副站长访谈）

在皂河灌区发展的黄金期，水利站与皂河灌区联系更密切，主要体现在水费收缴上。早期水利站工作人员担任用水户协会主席，后来逐步把他们撤掉。一些用水户协会也出现了名不副实的现象。在用水户协会兴盛时期，水利站工作人员和协会成员共同挨家挨户参与水费征收，现在基本都是灌区自己收缴。

由此可见，在皂河灌区发展受阻、资金不足的当下，皂河灌区难以通过行之有效的制度和激励措施来引导水利站更好地协助灌区的工作。❶ 往日的协作盛况，仍需要通过长时间的尝试，才能走出新的合作之路，总体思路是以水资源开发红利分配为抓手，利用水利站的人力和地域有限的优势，减轻灌区的农田水利建设和维护的压力。

---

❶ 王毅杰，蔡文强. 基层水利站所的生存实践：以苏北为例［J］. 南京工业大学学报（社会科学版），2015，14（1）：121－128.

第四节 本 章 小 结

2011 年，中央一号文件对农业发展作出战略布局，凸显农田水利发展的重要性。值得关注的是，在农业政策一片向好的环境下，皂河灌区发展却停滞不前，举步维艰。无论是在计划经济时代，还是在市场经济时代，灌区负责人王学秀书记在皂河灌区的资金和人力募集中都起到了至关重要的作用。王学秀书记对内实行强权管理模式，提升组织向心力，吸纳灌区发展的资源。

由于皂河灌区走着透支型发展路线，缺乏对于资源长期持续地合理规划。工程外包的债务和项目资金不到位，导致灌区"巧妇难为无米之炊"。皂河灌区只能夹缝中求生存：一方面，灌区发展乏力，供水成本高昂，工业用水占比逐步降低；另一方面，供水市场化后，其他灌区与皂河灌区展开成本竞赛，皂河灌区竞争力不足，风光不再。

由于皂河灌区旧债难偿，行政区划调整后，没有主管单位对接皂河灌区。其间，江苏省水利厅以项目制方式，分配水利工程建设资金。皂河灌区因没有主管单位，无法获得国家水利建设资金支持。历经数年，在市级相关单位和负责人出面多次协调后，才敲定由宿城区水利局作为上级主管单位，但已错失发展的机遇。

皂河灌区的发展受阻，除了外部因素，还与内部管理低下密切相关。原负责人王学秀书记因为德高望重，在当地享有较好的声望和信誉。王学秀书记治理下的皂河灌区，员工们心往一处想，劲往一处使，共享利益。然而，随着世界银行项目的减少，用水户协会在皂河灌区管理体制中逐步隐退，导致农民参与的热情减退，进一步加剧了灌区发展的困境。

这一时期的皂河灌区呈现悬浮型组织特征，主要体现为：一是与农民互动降低，对农民约束力不足。无论是之前的"赚工分"，还是市场化后的农业用水需求，都能直接或间接地让农民参与到农田水利建设中。但随着农村产业转型，灌区无法再通过水资源分配等调动农民参与农田水利建设的积极性；二是与主管机关的脱节，无法融入水利工程项目制中。2008 年以来，国家通过项目制的方式，加强对农田水利建设的控制。但灌区却因行政区划调整，难以争取到项目资金的支持。

　　对于农田水利事业的发展，皂河灌区面临发展中的新难题。原先依赖于国家主导的计划经济体制为农田水利发展迎来小高峰。但这一体制已经从历史舞台退出。肇始于改革开放的农田水利市场化改革，却让农田水利发展面对资金和人力的双重困境。

第六章　结论和讨论

第一节 结 论

本书通过历史变迁的维度，详尽地剖析并阐释皂河灌区在新中国成立后不同时期的发展态势和组织表征。在近50年的发展历程中，皂河灌区不断地调适组织结构，采用适时的运作机制，以期实现发展目标。在组织变迁过程中，国家力量、农民诉求、市场要求、合作的社会基础等元素对皂河灌区产生不同的影响。多样化的元素在农田水利的建设和发展中相互作用，并通过反馈机制，推动着灌区的发展。

灌区发展的外部影响因素主要是国家力量，表现为国家在政治和经济领域的重大政策变动。这一系列变革深远地影响了灌区的性质。内部影响因素则主要是农民对于水资源利用的需求和乡村水利的组织基础，他们对皂河灌区功能变迁的影响深刻。当然，内部和外部因素并不是泾渭分明的，它们统一于国家对农业发展需求和农民生产生活需要（图6-1）。

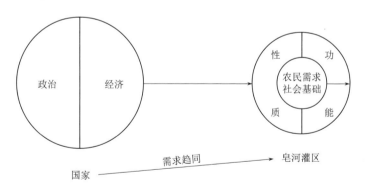

图6-1 皂河灌区组织变迁的影响因素

一、皂河灌区组织形态变迁轨迹

皂河灌区的发展命运，与国家整体的战略选择和布局紧密相连。为

了适应时代发展的形势，皂河灌区不断调整相应的结构和运行机制
（表6-1）。

表6-1　　　　　　　　　　　皂河灌区的变迁进程

时期	组织性质	组织结构	运行机制
建设期	全能型组织	集权式动员	运动式治理
成长期	管理型组织	地方精英主导的市场	公司制治理
黄金期	协调型组织	农民参与的市场	参与式治理
转型期	悬浮型组织	科层制	垂直治理

在灌区建立初期，人民公社化运动如火如荼，每家每户都劲往一处使，赚工分，谋粮食，农民积极参与农田水利建设。为了集约化地统筹当地的农田水利规划，皂河灌区应运而生。这一阶段的皂河灌区是全能型组织，主要体现在：一方面是全面掌控人力资源调配。与人民公社相同，皂河灌区采取集权式动员。灌区负责人向涉及的公社要人头，共同致力农田水利建设，并给予参与人员相应的工分，充分发挥农户参与的积极性。另一方面是掌控水和土地等资源分配。皂河灌区集中负责灌溉水源的调配，综合考虑各公社的用水需求、劳力提供情况等，向农民提供灌溉用水。这一阶段的皂河灌区，高度控制水、土地等可用资源，并有计划地分配和调度农业灌溉资源，解决农民温饱问题。统一的水资源分配，使得皂河灌区实现集中力量办大事，高效地完成上级交代的农田水利发展任务。

1978年以后，皂河灌区从全能型组织向管理型组织转变。主要的农田水利设施在建设期已经初步建成，灌区的任务逐步转变为农田水利设施的管理和维护。作为管理型组织，灌区的特征主要体现在以下方面：一是采取市场化的方式管理和运作资产，获得农田水利的维护资金。灌区通过将绿化、道路等建设外包的形式，引入私人资金，盘活灌区内的资产。二是灌区通过水费征收，强化对用水农户的管理，避免搭便车效应的产生。灌区通过调整水费征收机制，从按户到按方征收水费，形塑农户节约用水的观念。这一阶段，灌区成立大禹集团，形成"一套班子，两块牌子"的运作机制。通过大禹集团的建立，灌区参与市场化竞争，争取更多的资金，

提高水资源的利用效率。

20世纪末期，皂河灌区进一步深入市场化改革，向协调型组织转型。主要体现在以下方面：一是通过农民用水户协会，提高农民对水资源利用和分配的参与度。尤其在水费制定和征收中，农民用水户协会占据主导地位，而灌区仅居于纠纷协调者的角色。二是灌区协调世界银行项目管理要求和中国农田水利管理体制之间的冲突。世界银行节水灌溉项目进入中国，为灌区带来较多的资金投入，也改变了水利灌溉管理体制。与传统的水利灌溉管理体制相比，参与式灌溉管理注入更多的民主元素，提高农户的知情权。为了契合世界银行项目管理需求，灌区通过建立农民用水户协会，引导农民参与到水利灌溉管理之中。

伴随世界银行项目退出和农业税费改革，农田水利发展的资金短缺，国家对水利发展的投入再度加大。皂河灌区本应抓住机遇，争取发展资源。但是，灌区却呈现出悬浮型组织特征，表现为两个方面：一是游离于行政管理体制，无法争取项目制的支持，水利发展资金陷入困顿。在宿迁行政区划调整后，皂河灌区没有了相应的上级管理单位，失去了争夺项目的渠道。二是用水户协会退出后，皂河灌区与农民之间的纽带缺少。此外，大量农民进城务工，不愿意被束缚在农业生产中。与此同时，留守农民参与农田水利建设的意愿也在减弱。

在国家再度大力发展农田水利的背景下，皂河灌区却面临发展困境。这一困境的背后正是受到盘根交错的内外因素影响。

二、皂河灌区变迁的影响因素

（一）制度因素：从集权走向合作

新中国成立以来，水利建设是国家试图造福于民的"社会工程"。[1] 国家权力是引领改革的重要因子。皂河灌区的建立和发展轨迹，无不渗透着国家权力的影响力。不同发展时期的政治因素和经济因素（表6-2），对灌区的管理和发展都有程度不一的影响。

---

[1]　斯科特 C. 国家的视角：那些试图改善人类状况的项目是如何失败的［M］. 王晓毅，译. 北京：社会科学文献出版社，2004：40.

表 6 - 2　　　　　　皂河灌区不同发展时期的外部影响因素

时　期	政　治　因　素	经　济　因　素
建设期	政治化运动；通过政治化运动，提供劳动力和资金	计划经济，重视农业发展
成长期	机关改制，企业化运作；通过财政补贴提供部分资金，但劳动力供给不足	市场经济，逐步转向工业建设
黄金期	取消农业税，建立事业单位；通过用水户协会的参与，形成参与式灌溉管理体制	市场经济，加快工业建设
转型期	事业单位改革；通过项目制分配资金	市场经济，振兴农业发展

国家强力推动下的经济体制改革，直接波及乡村的方方面面。计划经济时代，农业不仅是农民赖以生存的基础，更是国家经济的核心命脉。在计划经济年代，人力就是最重要的生产力。国家通过人民公社，汇集资源和人力，集中力量办大事，兴修农田水利。皂河灌区正是在农田水利发展势头迅猛的年代应运而生，走向更为集中化、专业化的管理路线。作为乡村农田水利组织的灌区管理所，承担对应地理范围内的水资源开发和利用，从兴修水利设施、分配水到生产队（到户）等一条龙服务。

人民公社时期，通过工分制，劳动力与生产生活资料相挂钩，农民的需求与国家的目标相一致，最大程度地调动农民的参与积极性。无论男女老少，都"自愿"献身农田水利开发和建设，皂河灌区俨然就是国家目标实现的直接执行者。在水资源管理的"制度发明"中，"革命后国家"的政治经济高度一体化，体现了国家转型的总体支配取向❶。

十一届三中全会以后，国家经济体制发生重大变革，计划经济逐步转向市场经济。农业不再是国家经济的唯一支柱，占比产出逐步降低。在这一漫长的转型中，灌区不断调整水利开发和农民用水需求之间的张力。"两工"制度被取消，土地采用包田到户的运作机制，"大锅饭"不复存在。伴随宽松的管理体制，灌区对农民很难形成强有力的约束。农民在分田到户

❶　孙立平. 转型与断裂：改革以来中国社会结构的变迁 [M]. 北京：清华大学出版社，2004：31.

的土地上自给自足的同时，松散管理使得他们习惯性地"搭便车"使用水资源，从而降低生产成本。尽管国家通过资金补贴等形式，资助灌区农田水利的建设和发展，但这也是杯水车薪。农田水利建设过程的人力不足已经成为重大难题。随着市场经济的深入推进，皂河灌区通过建立大禹集团，以营利化的模式来运作水资源的开发，主要体现在征收水费环节。尽管大禹集团和皂河灌区在人事和资金上仍有较多的关联，但一定程度上，灌区管理模式发生了转变，其不再是大包大揽的全能型组织，而是利用企业化管理经验，推进灌区市场化的进程。

20世纪90年代以来，我国在综合国力不断提升的同时，国际开放程度日益增强，最为鲜明的是与国际组织之间的互动加强。为了加快水资源的开发和利用，我国引入和运用世界银行节水灌溉项目，给农田水利发展带来资金。世界银行节水灌溉项目的引入也倒逼我国灌溉管理体制的变革。作为示范灌区，皂河灌区的民主参与转型无疑是成功的。用水户协会的建立给农田水利发展带来诸多红利：引入农户的充分参与，大大提升了灌区水资源的开发利用率；通过农户参与，皂河灌区很好地消解了农民搭便车效应；通过农民参与水费定价，提升水价的可接受度；通过农民参与水费征收，实现农民自主管理，提升水费征缴率。这一阶段，用水户协会的建立，使得灌区成为一个协调和平衡各方力量的组织和平台。

随着市场化进程的深入，国家充分意识到农村市场化的弊病。为此，国家助力农田水利发展，通过项目制等方式，给农田水利工程建设投入大量的资金。通过资金的输入，国家与灌区的关系再度升温。但是皂河灌区在新一轮的改革中，由于失去明确的上级主管机关，使其游离于水利工程项目申报之外，灌区发展遭遇瓶颈。灌区发展无法彻底市场化，脱离国家的管理和控制的灌区缺少发展动力机制。

（二）内部诉求：从资源生产走向资源再集中

皂河灌区最重要的职能是通过对辖区内水资源的合理开发、利用和管理，以满足农民的生产生活需要。但在不同时期，灌区所要面对和处理的矛盾是不同的。这就要求灌区通过组织的自我调适，适应和满足多元需求。由此，农民需求和社会基础是灌区发展变革的内在动力（表6-3）。

表 6-3 皂河灌区不同发展时期的内部影响因素

时期	组织功能	社会基础	农民需求
建设期	资源生产	政社合一	集体生产需求
成长期	资源分配	能人社会	个人生产需求
黄金期	资源再协调	能人社会、开放社会	个人逐利需求
转型期	资源再集中	开放社会	需求模糊

在"政社合一"的年代，农民需求和国家需求是高度统一的，都是通过农业发展，满足基本的生存需求。回溯其本质，正是因为新中国成立初期，生产力水平低下，一切都以提高农业生产为根本目标。此时，灌区最主要的职能就是建设大量的农田水利设施，充分提升水资源的利用率。这一阶段，因为单位生产力较低，水资源开发力度是有限的。但是，国家发展的重点仍旧是农业，因此国家耗费大量的劳力来开发水资源。

经过新中国成立初期大兴水利，大量的农田水利设施已基本成型。灌区的任务从简单分配水资源变为合理地分配水资源。这一时期，灌区也在面临市场化改革的挑战。在王学秀书记的带领下，灌区争取到大量的农田水利项目。通过灌区内项目外包，推动了灌区走向市场化道路，为灌区发展提供了充足的资金保障。同时，这一时期的农民自主性得以提升，自身盈利需求和节约用水成本形成尖锐矛盾，灌区需要去协调和平衡高昂的水利开发成本。

世界银行项目引进后，尤其是农民用水户协会建立后，更多的用水户参与到水资源的开发和利用中。但是，值得关注的是，农户的利益诉求变得零散。用水户协会虽然是一个参与平台，但也是一个多种利益碰撞的平台。只有妥善缓冲这种利益之间的张力，灌区才能保证水资源的合理开发和利用。但是灌区缺乏相应的强力措施，对农民的控制较为松散，难以真正实现这一目标。

经历放权和市场化改革后，农民个体需求的多样性日渐凸显。尤其是在城镇化快速发展的当下，农业收入不再是农民赖以生存的基础。这也就意味着农民不再被束缚在农业生产上，留守的耕地者往往是农村的"弱势群体"。他们无心参与农田水利设施建设进程。因此，如果仅依靠农民自身，已经无法实现农田水利的开发和利用。在此情形下，灌区的建设只能重新寻求国家支持，依靠国家的力量，注入资金，重新调动农民参与农田水利建设的积极性。

至此，灌区的性质和功能，正是在协调农民和国家利益的过程中不断地被冲撞、修改和重新定义。但笔者需要重申的是灌区组织目标在于农田水利的开发和利用，任何的改革都是围绕这一目标展开的手段。同时改革的措施始终是围绕着当前历史社会条件展开的。就此意义而言，国家重新介入灌区管理进程恰恰是振兴农田水利的一种策略。

第二节 讨 论

一、从"政社合一"到市场化：政府主导型发展模式

中国农田水利发展与农村集体经济、土地承包制紧密相关，深深地根植于中国社会制度和经济改革中。中国经济改革对农田水利产生了深远影响。探寻农田水利发展轨迹，毫无疑问，以皂河灌区为代表的农田水利发展模式是一种政府主导型发展模式。

政府主导型发展模式的基础是发展型政府理论。这一理论主要源于日本等东亚国家的经济兴起经验中，论证了政府对市场干预的成效。政府通过产业政策，强有力地干预市场，纠正市场失灵，让萎靡的经济重新振奋。其主要涵盖政府在经济活动中的意愿、作用方式、构建的政商合作关系以及与市场的相关依赖关系。新自由主义和新古典经济学都在不断挑战发展型政府理论。但是，这些理论的拥趸，均无法否定作用于经济的两只手——市场和政府。理论的争论只是两者的作用比重有所差异。❶ 回顾中国现代化的进程，政府对于经济社会发展始终发挥着举足轻重的作用。无论在计划经济年代，还是在社会主义市场经济时期，政府通过生产资源和调配资源，影响人们的生产生活方式。皂河灌区的组织变迁，也脱离不了国

---

❶ 顾昕. 政府主导型发展模式的兴衰：比较研究视野 ［J］. 河北学刊，2013，33（6）：119 - 124.

家的调控。国家不断推动乡村水利的发展和变革，其中可以发现国家和市场的关系和作用方式（表6-4）。

表6-4　皂河灌区变迁过程中国家和市场的关系和作用方式

时　　期	国家和市场的关系	国家作用方式
建设期	有国家，无市场	命令和控制
成长期	强国家，弱市场	放权和变革
黄金期	弱国家，强市场	协助和辅助
转型期	国家和市场合作	调整和指导

纵观新中国成立以来皂河灌区的发展进程，国家权力对于乡村农田水利组织的渗透，由强势到微弱，再到趋于缓和。而农田水利市场则发生了质和量的动态变化，市场从无到有，从弱变强。当然，农田水利市场不是一般经济学意义上的市场，而是社会学意义上的市场，其特殊性体现在以下两个方面：一是交易地域的有限性，不像一般意义上的市场具有高度流通性。受制于农村集体土地制度和河流等自然资源权属，农田水利交易主要局限于农村地域范围之内。二是社会基础的差异性。农田水利交易是建立在农村熟人社会基础之上，是基于信任而发生交易。一般意义上的市场则是建立在陌生人之间，是基于对价而产生商事活动。尽管农田水利市场对国家具有高度的依赖性，但是它对农田水利发展的作用方式则是不同的，更强调自愿和效率。皂河灌区的组织变迁正是被国家与市场力量的此消彼长所牵动。

皂河灌区成立前，人民公社领导带头挖沟埋土，农民鼓足干劲，大兴水利。彼时，举国搞生产，一片欣欣向荣。生产生活资料都集中在国家手中，政府通过劳动与工分挂钩，工分与粮食关联，环环相扣，保证农民生产积极性。皂河灌区成立后，灌区与人民公社相互协作，人民公社派人参与灌区农田水利建设，保证充足的劳动力，灌区负责农田水利建设。国家、灌区与人民公社和农民之间，通过层层指标，摊派任务紧密地结合在一起。国家与农民之间，从水资源的开发到水利灌溉，都是国家意志的体现。灌区与人民公社，结合农户参与水利建设的贡献，以生产队为单位，按需供水，保证农田水利灌溉。

改革开放后，农村土地分包到户，农民不再吃大锅饭。农户的用水需求呈现出多元化特征，国家逐步开始征收水费。国家通过水费征收和开征农业税，保证农田水利建设和维护的资金。国家通过"三提五统"和"两工"制度的构建，协调国家农业财政支出和皂河灌区农田水利建设需求之间的冲突和矛盾，确保对皂河灌区的人力和财力的支持。其间，农田水利市场化深入的典型标志是水费征收方式的转变。与改革开放前不同，水资源不再被国家统一分配，而是通过定价，赋予量化的价值属性。一开始，皂河灌区水费是按户收取，是一种象征意义上的水费征收，与用水量并不挂钩。这种情况下，不同户用水量的多寡，势必会引发农户之间的冲突和矛盾。按亩收取水费试图解决这一问题，这种计算方式是建立在单位农作物用水量几近相同的基础上。随着农作物种植的多元化和农业技术的发展，单位土地内的用水量形成明显的差异性。因而按用水量，以方为单位征收水费，才是公平的计费方式。这也进一步凸显农田水利市场化的进程，完全将水资源作为一种商品进行交易。这一缓慢的变革阶段，仍旧是国家在主力推动，包括水费定价都是由政府完全主导。农田水利市场化特征有所显现，但是仍旧在国家的控制下。

随着国家农业税的取消，国家弱化了对农田水利的控制，农田水利市场化迎来了农田水利建设的小高峰。通过参与世界银行贷款项目，皂河灌区获得有效的资金支持。同时，皂河灌区将辖区的资产，通过租赁、承包等多种方式进行配置，获取一定的经济收入，用以维系皂河灌区的组织运作。随着国家对农田水利控制的减弱，皂河灌区失去对农民强有力的约束。为了增强组织的竞争力，皂河灌区通过建立大禹集团和农民用水户协会，尝试改变命令和控制型的组织管理模式。大禹集团依托于皂河灌区，其供水公司通过与农户签订用水契约的方式，约束双方主体的行为。作为用水农户利益的代表团体，农民用水户协会参与水价的定价和征缴，同时也参与灌区的农田水利建设，起到一种制衡和监督的作用。企业化的运作模式和参与式灌溉管理体制，都是国家管理走向市场调控的重要特征。

农田水利的市场化使得皂河灌区发生重大变革，辖区内的农田水利得到发展，但变革成本也是巨大的。非自发性的参与式灌溉管理体制改革，以及世界银行贷款项目的退出，使得灌区在资金和人力上均面临困境。为了扶持和振兴农田水利发展，国家再度发挥引领作用，通过项目制投入资金，解决农田水利发展，实现政府和市场的共赢。但是皂河灌区囿于多重因素，没有走上共赢的道路，而是不断地被边缘和遗忘。

皂河灌区的发展游走在国家和市场的调控谱系之间，其组织命运时刻受到国家政策的牵动和改变。从政府主导型发展模式及其反对观点中，需要着重思考的并非是否需要政府调控，而是如何肯定政府在农田水利发展中的作用，并反思政府的调控模式，以寻求更为恰当的调控方式，进而形成与农田水利市场的良好互动。

二、农民参与热情减退：公共物品与集体参与的困境

作为乡村农田水利组织，皂河灌区最大的劳动力资源是辖区内的农民。皂河灌区不同发展时期，农民参与农田水利建设的主体、性质、内容及相关的制度约束有不同的变化（表6-5）。通过对皂河灌区的实地走访，发现农民参与农田水利建设热情不断减退。究其背后的动因，农田水利设施的属性和社会基础的变化，导致了农民集体参与农田水利建设的困境。

表6-5　　皂河灌区变迁过程中农民参与农田水利建设情况

时期	参与主体	参与性质	参与内容	制度约束
建设期	人民公社社员	主动参与	提供劳动力	工分制度
成长期	农民	被动参与	提供劳动力，资金替代劳动力	两工制度
黄金期	农民代表	主动参与	参与农田水利决策	参与式管理
转型期	农民	被动参与	一事一议	—

按照主流经济学观点，遵循竞争性和排他性的两大特征，可将物品分为四种类型：私人物品、公共物品、公共资源（准公共物品）和自然垄断。农田水利设施通常因其非排他性和竞争性，被视为准公共物品。但在改革开放前，由于资源都是国家统一配置，农田水利设施不具备竞争性特征，或者说不同生产队之间的用水冲突被国家强力所压制，未能显现。从这一

角度看，农田水利设施经历从公共物品到准公共物品变化。农田水利设施作为公共物品时期，不存在对价交易，"搭便车"现象并不存在。在水资源有偿使用时代开启后，农田水利设施成为准公共物品，农户"搭便车"现象频发，主要体现在以下几个方面：一是不按时缴纳水费。皂河灌区的成长期和黄金期，通过相关的制度激励，保证基本的水费征缴率。在皂河灌区的成长期，王学秀书记注重抓水费征缴。在他的带领下，灌区将水费征收数额与工作人员工资挂钩，调动工作人员跑村进户，提升水费征缴的热情。灌区进入发展黄金期，灌区通过用水户协会，依靠农民代表的力量向农民征缴水费。借助用水户协会，农民也会积极缴纳水费。然而，皂河灌区在转型期，工作人员锐减，农民用水户协会不复存在，农民缴纳水费存有围观心态。只要有一户不愿缴纳水费，就会带来周围农民水费征缴的困难。二是不愿为农田水利建设提供劳动力。在"两工"时期，农田水利建设和维护仍需要大量劳动力。然而，灌区的一些农民往往选择用资金替代"两工"。但值得注意的是，资金和劳动力之间并不是等价替换，其服务目的有着本质区别。劳动力关乎农田水利建设的人手，而农村人口有限，资金替代制度在一定程度上会导致建设劳动力的匮乏。由此可以看出，农民集体参与农田水利建设所面临的困境与农田水利设施的属性密切相关。但是更为深层次的原因是社会结构的变迁，涉及地方精英、身份认同和历史文化等方面。

改革开放前，农民的主要收入源于农业生产，当时的粮食收入也仅仅能解决温饱问题。农民与土地紧密相连，社会几乎没有流动性。农民在这里出生，在这里成长，从幼年到暮年，熟悉周围的生长生活环境。主观上，土地可以满足农民的基本生活需求，农民没有离开自己土地的动机。客观上，城市和农村泾渭分明，受困于城乡二元分割的户籍制度，农民几乎没有进入城市生活的渠道。农民参与农田水利建设，是为了更好地发展农业，让这片土地上的人实现温饱。与此同时，从封建社会遗留下来的龙王庙，也承载着皂河灌区农民对于海晏河清的理想寄托。

改革开放后，皂河灌区合作的社会基础发生了很大的改变，主要体现在以下几点：一是农民进城务工，农民与土地的联系度弱化，身份认同不断降低。这种倾向尤其发生在年轻一代身上。年轻一代从小接受良好的教育，使得他们对农村情感依赖性降低。无论是在外求学抑或进城务工的年轻人，大多都在寻求机遇，谋求在城市的发展。二是农民收入组成更为多元，生产生活方式受到冲击。农业不再是农民生活的基本来源，农民通过进城创业、进城务工等方式，参与甚至融入到其他产业发展中。相较于周期长、收益低的农业，大多数的群体愿意从事易于资本积累的工作，从而改善他们的生活环境。因此，他们对于农业和农田水利建设重视度不断降低。三是以王学秀书记为代表的地方精英，能弥补行政管理的不足，短期内起到凝聚社会力量的作用。在国家取消"两工"和"三提五统"后，国家对农田水利的控制力度减弱。在此情形下，通过各种改革措施来挽救农田水利的颓势，比如用水户协会来凝聚和团结乡村社会。❶ 之于皂河灌区，最富有成效的方式是以王学秀书记为代表，他通过强有力的管理手段，使得灌区拧成一股绳。从王学秀书记退休后不能很好接续的情况来看，也进一步印证灌区需要精英管理主导。由此，皂河灌区的农田水利发展困境不是个案，而是中国农村改革中普遍存在问题的一面棱镜。

第三节　研　究　展　望

2015 年以来，伴随农村"两权"抵押（农村承包土地经营权抵押贷款和农民住房财产权抵押贷款）的实施，新一轮的土地制度变革悄然展开，农田水利发展步入新的发展时期。在此时期下，农田水利设施的准公共物品属性，如何与农户用水需求的个体属性相兼容，依旧是一个棘手的问题。从皂河灌区的发展历程观之，脱离国家政策扶持和资金投入，农田水利设施的管理和建设会成为一盘散沙。国家通过鼓励民间资本参与公共建设（即公私合作），或许能够成为农田水利建设困境的解局之道。

目前，在农田水利建设领域实施公私合作模式，具有一定的现实可能性。首先，国家政策给予更多的包容空间。农村"两权"抵押改革，改变

---

❶　贺雪峰，罗兴佐．论农村公共物品供给中的均衡 ［J］．经济学家，2006（1）：62-69.

了农村土地不能入市交易的状况。通过这一改革，能够盘活农田水利建设所依赖的土地资源，拓宽融资渠道，消除非集体经济组织（或成员）进入农村的障碍。其次，调和公共利益和农民逐利的冲突。如何最大效用地发挥准公共物品的价值，始终是一个两难的问题。改革开放以后，皂河灌区的市场化改革，存在诸多弊端，比如资金和人力缺乏；组织内部资金使用缺乏监督，影响农田水利建设等。通过公私合作模式和精细的制度设计，能够实现"公"和"私"的泾渭分明：在公共利益一侧，灌区农田水利建设满足农户的用水需求，集约化地开发水资源；在私人利益一边，通过多渠道的资金筹措和管理机制的改革，能够最大程度地提升水资源使用效率，产生充足的经济效应，为农田水利建设提供更充足的资金保障。

当下，若要在农田水利设施建设中，引入公私合作模式，则需要厘清以下几个问题：

（1）与当前的农田水利设施建设的模式相适应。近年来，灌区和政府之间主要通过项目制下的资金输出维系关系。那么，在公私合作模式下，灌区、私主体和政府之间应该采取何种关联，是需要去考虑的。大体采取的模式是，灌区作为政府的代言人，与私主体成立一个以农田水利建设为目标的项目公司。该公司通过竞标等形式，与政府形成互动，争取资金的支持。政府则对该公司的资金使用情况进行审计和核查，起到监督作用。

（2）私主体的范围界定。尽管"两权抵押"改革为非集体经济组织成员参与农村建设打开了窗口。但是在实践中，关于私主体的确定依旧困难。公私合作的一大优势是私主体的专业技能性。如果一味地放开私主体的范围，对其不考虑专业性，则丧失公私合作的意义。相反，如果限定其专业性，则会导致可供选择的私主体范围受到很大的限制。毕竟，多数的企业缺乏对农田水利建设的专业知识，甚至缺乏对农村基本情况的了解。这部分企业一旦参与其中，势必会对农村基本的制度和社会结构造成冲击。因此，私主体范围是从严限定，还是降低准入门槛，需要去深思。

（3）对私主体的合理激励政策。相较于其他公共基础设施建设，农田水利设施的回报率并不高。如何吸纳较优的私主体参与到农田水利建设中，是制度设计的一个核心问题。

　　农田水利的发展，功在当代，利在千秋。公私合作模式在给灌区水利发展带来机遇的同时，也会遭遇很大的挑战。需要强调的是，皂河灌区当年成功的经验以及当下面临的困境具有一定的示范和借鉴意义。中国农田水利发展仍旧需要因地制宜，充分运用好组织的力量，做好制度设计，走出一条具有中国特色的农田水利发展道路。

参 考 文 献

[1]   张乐天. 告别理想：人民公社制度研究 [J]. 复旦学报（社会科学版），
      2014，56（5）：162.

[2]   波兰尼. 巨变：当代政治与经济的起源 [M]. 黄树民，译. 北京：社会科
      学文献出版社，2016.

[3]   陈焕友. 反思洪灾兴水利 [M]. 南京：河海大学出版社，2011.

[4]   陈小君，等. 农村土地法律制度的现实考察与研究：中国十省调研报告书
      [M]. 北京：法律出版社，2010.

[5]   DINAR A. 水价改革与政治经济：世界银行水价改革理论与政策 [M].
      石海峰，等译. 北京：中国水利水电出版社，2003.

[6]   埃斯科瓦尔. 遭遇发展：第三世界的形成与瓦解 [M]. 汪淳玉，吴惠芳，
      潘璐，译. 北京：社会科学文献出版社，2011.

[7]   费孝通. 中国绅士 [M]. 北京：中国社会科学出版社，2006.

[8]   冯贤亮. 近世浙西的环境、水利与社会 [M]. 北京：中国社会科学出版
      社，2010.

[9]   国家农业综合开发办公室. 农民用水协会理论与实践 [M]. 南京：河海大
      学出版社，2005.

[10]   郭松义. 水利史话 [M]. 北京：社会科学文献出版社，2011.

[11]   贺雪峰. 新乡土中国 [M]. 北京：北京大学出版社，2013.

[12]   胡继连，武华光. 灌溉水资源利用管理研究 [M]. 北京：中国农业出版
      社，2006.

[13]   黄仁宇. 明代的漕运 [M]. 北京：新星出版社，2005.

[14]   黄宗智. 长江三角洲小农家庭与乡村发展 [M]. 北京：中华书局，2000.

[15]   黄宗智. 中国乡村研究（第八辑）[M]. 福州：福建教育出版社，2010.

[16]   冀朝鼎. 中国历史上的基本经济区与水利事业的发展 [M]. 北京：中国
      社会科学出版社，1981.

[17]   贾春增. 外国社会学史 [M]. 3 版. 北京：中国人民大学出版社，2008.

[18]   贾征，张乾元. 水利社会学论纲 [M]. 武汉：武汉水利电力大学出版
      社，2000.

[19]   江苏省水利厅. 江苏水利年鉴（2000）[M]. 南京：江苏古籍出版社，2000.

［20］ 江苏省水利厅. 江苏水利年鉴（2001）［M］. 南京：江苏古籍出版社，2001.

［21］ 江苏省水利厅. 江苏水利年鉴（2002）［M］. 南京：江苏古籍出版社，2002.

［22］ 江苏省水利厅. 江苏水利年鉴（2004）［M］. 南京：江苏凤凰出版社，2004.

［23］ 江苏省水利厅. 江苏水利年鉴（2005）［M］. 北京：方志出版社，2005.

［24］ 江苏省水利厅. 江苏水利年鉴（2006）［M］. 南京：江苏凤凰出版社，2006.

［25］ 江苏省水利厅. 江苏水利年鉴（2014）［M］. 南京：河海大学出版社，2014.

［26］ 江苏省水利厅. 江苏水利年鉴（2015）［M］. 南京：江苏凤凰出版社，2015.

［27］ 《江苏农村经济 50 年》编辑委员会. 江苏农村经济 50 年（1949—1999）［M］. 北京：中国统计出版社，2000.

［28］ 江苏省水利厅. 江苏水利改革 30 年［M］. 武汉：长江出版社，2009.

［29］ 江苏省地方志编纂委员会. 江苏省志·水利志［M］. 南京：江苏古籍出版社，2001.

［30］ 孔祥智. 中国农业社会化服务：基于供给和需求的研究［M］. 北京：中国人民大学出版社，2009.

［31］ 李秉龙，张立承，乔娟，等. 中国农村贫困、公共财政与公共物品［M］. 北京：中国农业出版社，2003.

［32］ 宿迁市地方志编纂委员会. 宿迁市志［M］. 南京：江苏人民出版社，1996.

［33］ 李鹤. 权利视角下农村社区参与水资源管理研究：北京市案例分析［M］. 北京：知识产权出版社，2007.

［34］ 李建设. 现代组织学［M］. 杭州：浙江教育出版社，1998.

［35］ 李小云. 参与式发展概论［M］. 北京：中国农业大学出版社，2001.

［36］ 梁西. 国家组织法［M］. 武汉：武汉大学出版社，2001.

［37］ 林聚任. 社会信任和社会资本重建：当前乡村社会关系研究［M］. 济南：山东人民出版社，2007.

［38］ 林万龙. 中国农村社区公共产品供给制度变迁研究［M］. 北京：中国财政经济出版社，2003.

［39］ 刘谟炎. 农民长久合作：万载百年鲤陂水利协会研究［M］. 北京：中国农业出版社，2010.

［40］ 鲁西奇，林昌丈. 汉中三堰：明清时期汉中地区的堰渠水利与社会变迁［M］. 北京：中华书局，2011.

［41］ 罗兴佐. 水利，农业的命脉：农田水利与乡村治理［M］. 上海：学林出版社，2012.

［42］ 罗兴佐. 治水：国家介入与农民合作：荆门五村农田水利研究［M］. 武汉：湖北人民出版社，2006.

［43］ 内蒙古农民用水户协会建立、运行和管理问题课题组. 农民用水户学会形成及运行机理研究：基于内蒙古世行 WUA 项目的分析［M］. 北京：经济科学出版社，2010.

[44] 马培衢. 农业水资源有效配置的经济分析 [M]. 北京：中国农业出版社，2008.

[45] 塞尔兹尼克. 田纳西河流域管理局与草根组织：一个正式组织的社会学研究 [M]. 李学，译. 重庆：重庆大学出版社，2014.

[46] 森田明. 清代水利与区域社会 [M]. 雷国山，译. 济南：山东画报出版社，2008.

[47] 斯科特. 农民的道义经济学：东南亚的反叛与生存 [M]. 程立显，等译. 南京：译林出版社，2001.

[48] 萨拉蒙. 全球公民社会：非营利部门视界 [M]. 贾西津，等译. 北京：社会科学文献出版社，2007.

[49] 万生新. 社会资本、组织结构与农民用水户协会绩效研究 [M]. 北京：中国言实出版社，2018.

[50] 水利部农村水利司. 新中国农田水利史略（1949—1998）[M]. 北京：中国水利水电出版社，1999.

[51] 苏新留. 民国时期河南水旱灾害与乡村社会 [M]. 郑州：黄河水利出版社，2004.

[52] 宿迁市宿豫区地方志办公室. 宿迁风物志 [M]. 北京：方志出版社，2011.

[53] 宿迁市地方志编纂委员会. 宿迁市志 [M]. 南京：江苏人民出版社，1996.

[54] 滕尼斯. 共同体与社会 [M]. 林荣远，译. 北京：商务印书馆，1999.

[55] 王金霞，黄季焜，徐志刚，等. 灌溉、管理改革及其效应：黄河流域灌区的实证分析 [M]. 北京：中国水利水电出版社，2005.

[56] 王铭铭，王斯福. 乡土社会的时序、公正与权威 [M]. 北京：中国政法大学出版社，1997.

[57] 王征，冯广志. 自主管理灌排区培训教材 [M]. 北京：中国财政经济出版社，2002.

[58] 吴毅. 小镇喧嚣：一个乡镇政治运作的演绎与阐释 [M]. 北京：生活·读书·新知三联书店，2007.

[59] 新华社总编室，水利部新闻宣传中心. 水水水：新华社记者眼中的新中国水利事业 [M]. 北京：中国水利水电出版社，2012.

[60] 辛鸣. 十七届三中全会后党政干部关注的重大理论与现实问题解读 [M]. 北京：中共中央党校出版社，2009.

[61] 行龙. 环境史视野下的近代山西社会 [M]. 太原：山西人民出版社，2007.

[62] 于显洋. 组织社会学 [M]. 3版. 北京：中国人民大学出版社，2016.

[63] 约翰逊. 经济发展中的农业、农村、农民问题 [M]. 林毅夫，赵耀辉，译. 北京：商务印书馆，2004.

[64] 张含英. 历代治河方略述要 [M]. 北京：商务印书馆，1946.

[65] 张静. 现代公共规则与乡村社会 [M]. 上海：上海书店出版社，2006.

[66] 张俊峰. 水利社会的类型：明清以来洪洞水利与乡村社会的变迁 [M]. 北京：北京大学出版社，2012.

[67] 张芮. 中国农业水利工程历史与生态文明建设研究 [M]. 北京：中国水利水电出版社，2013.

[68] 张晓冰. 对农民的让利：一个乡镇党委书记的工作笔记 [M]. 西安：西北大学出版社，2002.

[69] 赵鸣骥. 农民用水协会理论与实践 [M]. 南京：河海大学出版社，2005.

[70] 中国灌溉排水发展中心，世界银行学院. 灌溉现代化理念与灌区快速评估方法 [M]. 北京：中国水利水电出版社，2007.

[71] 中华人民共和国水利部. 2016 中国水利发展报告 [M]. 北京：中国水利水电出版社，2016.

[72] 郑连第. 中国水利百科全书：水利史分册 [M]. 北京：中国水利水电出版社，2004.

[73] 陈春霞. 农业现代化的内涵及其拓展 [J]. 生产力研究，2010（1）：54 - 56，267.

[74] 陈煜斌，迟方旭. 农民用水者协会法人制度的解析 [J]. 西部论丛，2008（8）：78 - 79.

[75] 崔建远. 水权与民法理论及物权法典的制定 [J]. 法学研究，2002（3）：37 - 62.

[76] 段安华. 用水户参与用水管理的实践与思考 [J]. 中国水利，2005（13）：97 - 99.

[77] 冯广志，谷丽雅. 印度和其他国家用水户参与灌溉管理的经验及其启示 [J]. 中国农村水利水电，2000（4）：23 - 26.

[78] 冯广志. 用水户参与灌溉管理与灌区改革 [J]. 中国农村水利水电，2002（12）：1 - 5.

[79] 伏新礼. 关于建立农民用水户协会的实践 [J]. 中国农村水利水电，2003（4）：21 - 22.

[80] 高峻. 新中国治水事业的起步（1949—1957）[D]. 福州：福建师范大学，2003.

[81] 高雷，张陆彪. 自发性农民用水户协会的现状及绩效分析 [J]. 农业经济问题，2008（S1）：127 - 132.

[82] 高鑫，李雪松. 国外灌区管理分析及其对我国的启示 [J]. 湖北社会科学，2008（8）：98 - 101.

[83] 郭善民. 灌溉管理制度改革问题研究：以皂河灌区为例 [D]. 南京：南京农业大学，2004.

[84] 韩东. 论我国农民用水户协会的管理制度 [J]. 湖北社会科学，2009（1）：41 - 43.

［85］ 韩俊廷，牟善刚，曲晓辉，等. WUA 参与下灌溉水价形成机制研究
［J］. 吉林水利，2009（12）：66-71.

［86］ 贺雪峰. 退出权、合作社与集体行动的逻辑［J］. 甘肃社会科学，2006
（1）：213-217.

［87］ 贺雪峰，罗兴佐，陈涛，等. 乡村水利与农地制度创新：以荆门市"划
片承包"调查为例［J］. 管理世界，2003（9）：76-88.

［88］ 贺雪峰. 基层治理的逻辑与机制［J］. 云南行政学院学报，2017，19
（6）：4-4.

［89］ 胡学家. 发展农民用水户协会的思考［J］. 中国农村水利水电，2006
（5）：8-10.

［90］ 胡振华，陈柳钦. 农村合作组织的社会学分析［J］. 东南学术，2010
（3）：24-36.

［91］ 贾仰文. 让农民积极参加灌溉管理：参加联合国粮农组织亚太地区研讨
会的情况和体会［J］. 农田水利与小水电，1990（9）：12-14.

［92］ 焦长权，周飞舟. "资本下乡"与村庄的再造［J］. 中国社会科学，2016
（1）：100-116，205-206.

［93］ 孔祥智，史冰清. 农户参加用水者协会意愿的影响因素分析：基于广西
横县的农户调查数据［J］. 中国农村经济，2008（10）：22-33.

［94］ 蓝浩溥. 农民合作组织在公共产品供给中的组织化研究：来自广西大平
山镇江下、江岭村罗伞陂坝灌区用水者协会的调查与思考［J］. 广西民
族大学学报（哲学社会科学版），2007（S1）：28-31，41.

［95］ 雷原. 农民负担与我国农村公共产品供给体制的重建［J］. 财经问题研
究，1999（6）：53-56.

［96］ 雷玉桃. 国外水权制度的演进与中国的水权制度创新［J］. 世界农业，
2006（1）：36-38.

［97］ 李秋香. 文化认同与文化控制：秦汉民间信仰研究［D］. 郑州：河南大
学，2010.

［98］ 李尚成，李闻，金义. 生命线上飘展的旗帜：记皂河灌区管理所所长王
学秀［J］. 江苏水利，2000（7）：28-29.

［99］ 李佳，郑晔. 乡村精英、社会资本与农村合作经济组织走向［J］. 社会科
学研究，2008（2）：82-85.

［100］ 李建国. 农村水利建设评价研究［D］. 天津：天津大学，2014.

［101］ 李鸥，王才品，查添木，等. 采用参与式行动研究和组织发育途径促进
用水户协会的可持续发展［J］. 林业与社会，2004（3）：39-41.

［102］ 李猛. 从"士绅"到"地方精英"［J］. 中国书评，1995（5）：93-107.

［103］ 廖艳彬. 20 年来国内明清水利社会史研究回顾［J］. 华北水利水电学院
学报（社科版），2008（1）：13-16.

[104] 林闽钢. 危机事件与集体行动逻辑 [J]. 江海学刊, 2004 (1): 94 - 96.

[105] 刘静, Ruth Meinzen - Dick, 钱克明, 等. 中国中部用水者协会对农户生产的影响 [J]. 经济学 (季刊), 2008, 7 (2): 465 - 480.

[106] 罗兴佐. "渠成" 为何不能 "水到": 大碑湾泵站 "卖水难" 解析 [J]. 中国改革, 2006 (4): 72 - 75.

[107] 罗兴佐. 治水: 国家介入与农民合作 [D]. 武汉: 华中师范大学, 2005.

[108] 饶明奇. 明清时期黄河流域水权制度的特点及启示 [J]. 华北水利水电学院学报 (社科版), 2009, 25 (2): 75 - 78.

[109] 任祖民. 自主管理灌排区探讨 [J]. 水利科技与经济, 2009, 15 (1): 71 - 73.

[110] 瑞丁格. 中国的参与式灌溉管理改革: 自主管理灌排区 [J]. 中国农村水利水电, 2002 (6): 7 - 9.

[111] 苏林, 袁寿其, 张兵, 等. 参与式灌溉管理的现状及发展趋势 [J]. 排灌机械, 2007 (3): 64 - 68.

[112] 孙亚范. 现阶段我国农民合作需求与意愿的实证研究和启示: 对江苏农户的实证调查与分析 [J]. 江苏社会科学, 2003 (1): 204 - 208.

[113] 陶传进. 制度创新的社会现实制约: 以农业灌溉用水管理为例 [J]. 学海, 2003 (4): 62 - 66.

[114] 王韩民, 张旺. 新形势下迫切需要加强和创新水资源社会管理 [J]. 中国水利, 2012 (13): 25 - 28.

[115] 王建鹏, 崔远来, 张笑天, 等. 漳河灌区农民用水户协会绩效评价 [J]. 中国水利, 2008 (7): 40 - 42.

[116] 王华. 治理中的伙伴关系: 政府与非政府组织间的合作 [J]. 云南社会科学, 2003 (3): 25 - 28, 33.

[117] 王晓莉, 刘永功. 农民用水户协会中的角色和权力结构分析: 以湖南省 T 灌区一个用水户联合会为例 [J]. 中国农业大学学报 (社会科学版), 2010, 27 (1): 149 - 155.

[118] 王彦志. 非政府组织的兴起与国际经济法的合法性危机 [J]. 法制与社会发展, 2002 (2): 112 - 121.

[119] 王莹. 身份认同与身份建构研究评析 [J]. 河南师范大学学报 (哲学社会科学版), 2008 (1): 50 - 53.

[120] 王毅杰, 王春. 制度理性设计与基层实践逻辑: 基于苏北农民用水户协会的调查思考 [J]. 南京农业大学学报 (社会科学版), 2014, 14 (4): 85 - 93.

[121] 王毅杰, 刘海健. 农地产权的地方化实践逻辑: 基于 Q 村土地确权风波的考察 [J]. 中国农业大学学报 (社会科学版), 2015, 32 (3): 52 - 58.

[122] 吴梅, 张忠勇. 个体与集体之争: 兼论集体行动的逻辑悖论 [J]. 理论

与改革，2005 (6)：127 - 128.

[123]　谢永刚，姜睿. 我国中小型灌区多中心治理结构的选择与绩效分析：以黑龙江省兰西县长冈灌区为例 [J]. 中国经济评论，2005，5 (3)：7 - 15.

[124]　叶璠. 农民用水户协会组织形式探索 [J]. 中国水利，2008 (5)：34 - 35.

[125]　张庆华. 灌区用水者协会建设及其运行管理若干关键问题研究 [D]. 北京：中国农业大学，2005.

[126]　郑星，张泽荣，路兴涛. 农业现代化要义 [J]. 经济与管理研究，2003 (3)：10 - 14.

[127]　赵立娟. 从制度经济学角度看农民用水者协会的产生 [J]. 调研世界，2008 (2)：16 - 18.

[128]　赵立娟，王洋，加木. 农民用水者协会成立的收益与成本分析 [J]. 内蒙古财经学院学报，2009 (1)：12 - 15.

[129]　赵晓峰，袁松. 泵站困境、农民合作与制度建构：一个博弈论的分析视角 [J]. 甘肃社会科学，2007 (2)：8 - 10，119.

[130]　赵永刚，何爱平. 农村合作组织、集体行动和公共水资源的供给：社会资本视角下的渭河流域农民用水者协会绩效分析 [J]. 重庆工商大学学报 (西部论坛)，2007 (1)：5 - 9.

[131]　郑贤君. 权利义务相一致原理的宪法释义：以社会基本权为例 [J]. 首都师范大学学报 (社会科学版)，2007 (5)：41 - 48.

[132]　钟玉秀. 国外用水户参与灌溉管理的经验和启示 [J]. 水利发展研究，2002 (5)：46 - 48.

[133]　周大鸣，秦红增. 参与发展：当代人类学对“他者”的关怀 [J]. 民族研究，2003 (5)：44 - 50，108.

[134]　周飞舟. 分税制十年：制度及其影响 [J]. 中国社会科学，2006 (6)：100 - 115，205.

[135]　周祖成，鲁虹. 论制度创新的实现机制 [J]. 广州社会主义学院学报，2007 (1)：36 - 38.

[136]　CERNEA M. The sociologist's approach to sustainable development [J]. Finance and Development，1993 (4)：11 - 13.

[137]　ABRAMS D, HOGG A M. Social identity theory：Constructive and critical advances [J]. British Journal of Social Psychology，1994，33 (1)：363 - 366.

[138]　VERMILLION L D，GARCÉS - RESTREPO C. Impacts of Colombia's current irrigation management transfer program [J]. Digital Library of the Commons，1998 (4)：1 - 38.

[139]　ROBER H. Appropriate social organization：Water user associations in bureaucratic canal irrigation systems [J]. Human Organization，1989 (1)：79 - 90.

[140] JOHN A. Bloomsbury dictionary of word origins [M]. London: The Philosophical Library, 1990.

[141] DONZIER J F, RUNEL C. Sustainable Water Resources Management: Users' Participation: proceeding of the fifth international yellow river forum on ensuring water right of the river's demand and healthy river basin maintenanc [C]. Zhengzhou: Minist Water Resources, 2012.

[142] SAMAD M, VERMILLION D L. Assessment of participatory management of irrigation schemes in Sri Lanka: Partial reforms, partial benefits [M]. Miami: IWMI, 1999.

[143] KUMAR M D, SINGH O P. Market instruments for demand management in the face of scarcity and overuse of water in Gujarat , Western India [J]. Water Policy, 2001 (3): 387 - 403.

[144] BELMEZITI A, CHERQUI F, TOURNE A. Transitioning to sustainable urban water management systems: how to define expected service functions [J]. Civil Engineering and Environmental Systems, 2015, 32 (4): 316 - 334.

[145] OSTROM E. Collective action and the evolution of social norms [J]. Journal of Economic Perspectives, 2000 (3): 137 - 158.

[146] RAJU K V. Participatory irrigation management in India: proceeding of the International Conference on Irrigation [C]. Andhra Pradesh: International E - mail Conference on Irrigation Management Transfer, 2001.

[147] VERMILLION D L, SAGARDOY J. Irrigation management transfer: proceeding of the international conference on irrigation management transfer [M]. Rome: Food & Agriculture Org, 1995.

[148] PALACIOS - VELEZ E. Performance of water users' associations in the operation and maintenance of irrigation districts in Mexico: proceeding of the international conference on Irrigation Management Transfer [C]. Wuhan: International Water Management Institute, 1994.

[149] TRAWICK P B. Successfully governing the commons: Principles of social organization in an Andean irrigation system [J]. Human Ecology, 2001 (1): 1 - 25.

[150] UPHOFF N, WICKRAMASINGHE M, WIJAYARATNA C. "Optimum" participation in irrigation management: Issues and evidence from Sri Lanka [J]. Human Orgnization, 1990, 49 (1): 26 - 40.

后　记

本书终于要付梓出版。在博士毕业后，我一直期盼着后期进一步的研究，但是由于拖延症和各种琐事的干扰，在过去的五年中，我没能静下心做好后期的跟踪调查和研究，实在是很遗憾。尽管如此，我还是要感谢我的博士生导师陈绍军教授，她一直敦促我将博士论文早日出版。河海大学公共管理院也为我提供了一定的出版资金支持，在此一并表示感谢。

其次感谢皂河灌区的各届领导、灌区新老职工、用水户协会的代表耐心地接受我的访谈，宿豫区、宿城区、宿迁市等水行政主管部门的领导直抒胸臆地表达自己对灌区发展的种种想法，让我对灌区的各个历史阶段的发展有了比较深入的了解。

最后，感谢我的家人。感谢我的父母，默默支持我的工作和学习，是我坚定的后盾。无论是物质上还是精神上，他们都给予我无微不至的关怀，还一直帮我照顾孩子，让我能够全身心投入到工作中。感谢我的先生给予我写作过程中资料收集上的帮助，他不止一次陪我去皂河灌区实地调研，帮我联系宿迁市、宿豫区等水行政主管部门的领导进行访谈，整理数据资料，并对我论文中他比较了解的专业部分提出了中肯的建议。感谢我的儿子李顾全，我们在学习上彼此监督，共同进步。在写作过程中，我们更是彼此陪伴，度过了无数个寒冷的冬日。

在本书写作过程中，要感谢的人实在太多，在此不能一一列出，没有你们的帮助，本书的完成和出版是不可想象的，谢谢你们一路的支持和帮助。

2023 年 11 月南京